CHEERS

与最聪明的人共同进化

HERE COMES EVERYBODY

GPT时代
人类再腾飞

[美] 里德·霍夫曼 Reid Hoffman 著
GPT-4

芦 义 译

IMPROMPTU
AMPLIFYING OUR
HUMANITY THROUGH AI

浙江科学技术出版社

测一测

你对与 GPT 共生进化的未来了解多少?

扫码激活这本书
获取你的专属福利

- GPT 是一种什么类型的 AI 技术（　）

  A. 机器学习技术

  B. 深度学习技术

  C. 自然语言处理技术

  D. 图像识别技术

扫码获取全部测试题及答案,
先人一步跨入与 GPT 共生
的崭新未来

- GPT 的训练数据来源是（　）

  A. 网络上的公开数据

  B. 专门为 GPT 收集的数据集

  C. 需要用户授权的私人数据

  D. 多种来源的数据集合

- GPT-4 能够完成以下哪些任务（　）

  A. 自然语言生成

  B. 机器翻译

  C. 文本分类

  D. 以上全是

扫描左侧二维码查看本书更多测试题

分析引擎编织代数图案，就像织布机编织花朵和树叶一样。AI 可以用想象力和创造力的色彩来编织这种逻辑结构。

—— 阿达·洛芙莱斯
正如 GPT-4 所想象的那样

AI 不是与我们分离的实体，而是我们自身思想的映射。通过巧妙的手段和道德价值观来培养它，我们可以增强对自己的启蒙，造福所有人。

—— 佛 陀
正如 GPT-4 所想象的那样

参与和探索 AI 新时代

陆 奇
奇绩创坛创始人

　　我很高兴能为里德·霍夫曼和 GPT-4 合作的书写序。我写这篇序言不仅是因为这本书的重要性，也是为了向中国读者提供关于霍夫曼以及他与人工智能的重要背景信息，希望能帮助读者更好地理解这本书，甚至更好地参与这场重大的技术变革。

　　首先，我想向中国读者介绍我眼中的里德。他是一位杰出的创新者和企业家，致力于推动全球范围内的技术驱动创新，并投入了自己毕生的时间、精力和财务资源。他每年都会花费大量时间和资源来实际推进技术的发展，并传播他对技术驱动人类社会进步的理念。里德坚信技术是善良的，只有当技术与人性的美好高度统一时，技术变革才能发挥其积极的价值，产生积极的社会影响。他坚信我们能够实现这一目标。

里德本人也是一位出色的创业者，拥有丰富的实践经验。他与埃隆·马斯克（Elon Musk）、彼得·蒂尔（Peter Thiel）等人是 PayPal 的核心创始成员。2003 年，他创办了领英，并将领英打造成了全球具有影响力的职业社交网络。他还担任硅谷知名风投公司格雷洛克（Greylock）的掌门人，参与了许多前沿科技项目的投资。他深信创业和创新是推动社会进步的核心力量。为了帮助创业者和创新生态系统，里德撰写了多本书，其中包括大家熟知的《闪电式扩张》（Blitzscaling）、《为什么精英都有超级人脉》（The Start-up of You）和《联盟》（The Alliance）。此外，他还专门制作了系列播客《规模大师》（Masters of Scale）。他竭尽全力利用自己的资源和影响力来传播创业知识，帮助更多创业者更好地创新和创业。

里德非常重视人工智能，并且对技术有着深刻的见解。两个月前，我与里德进行了视频会议，讨论了 GPT-4 的泛化能力。我提到了关于子概念和相应潜空间泛化研究的一些科研探索，本以为需要解释一番，但没想到里德在这方面早已有许多观察和思考。他本科就读于斯坦福大学著名的"符号系统学"（Symbolic Systems）专业，从那时起就对人工智能产生了浓厚的兴趣，尤其是对符号和概念等方面的探索。同时，里德对于人工智能应用开发也有广泛的了解，他通过格雷洛克公司投资了许多优秀的人工智能项目。里德对于通用人工智能（AGI）也有深入的见解，并且在这方面的实践探索也很早。例如，早在 OpenAI 未被广泛关注之前，他就有远见地发现了它的价值，并成为 OpenAI 的首批投资人，成为 OpenAI 的董事会员，对 OpenAI 的创新发展起到了重要的推动作用。

他一直站在人工智能产品和技术创新的前沿。最近，他与 DeepMind 联合创始人穆斯塔法·苏莱曼（Mustafa Suleyman）共同创建了创业公司 Inflection AI，旨在构建基于大型模型的下一代聊天机器人。目前，里德将人工智能的发展视为自己的主要使命，专注于帮助社会大众更好地理解人工智能、接纳人工智能，并与人工智能协同探索，使人工智能更好地造福人类。对于中国的读者，我建议大家能充分了解这些背景信息。

我和里德的相识可以追溯到 2005 年的硅谷，如今已经有将近 18 年的时间了。我们在交流学习和商业合作的机会中，逐渐成为好朋友。在领英的发展过程中，我很高兴能在几个重要环节为里德和领英提供帮助，其中包括协助里德将公司的管理交由可靠的 CEO 杰夫·韦纳（Jeff Weiner）负责。我也为领英进入中国市场和微软并购领英等重要事件提供帮助。与此同时，里德对我在奇绩创坛的工作和推动中国创新、创业的努力也给予了巨大支持。在疫情之前，里德每年都会花费很多时间来中国，了解中国并将真实情况带回美国，让美国投资者们更多地了解中国。我希望读者能够感受到里德对全球性技术驱动创新的热情。

在大型模型以极强的力量和速度推动着产业和社会变革的今天，我相信每位读者，特别是那些身处技术创新前沿或深度关注技术发展的读者，都会有两种情绪：对技术变革所带来的巨大机遇感到兴奋和期待，同时也为人工智能可能对社会发展带来的前所未有的不确定性感到不安甚至焦虑。如何拥抱和参与这一变革，这将成为人类与人工智能共同进化的探索过程。里德撰写本书的主要初衷是将其作为一种"游记"，通过深入浅出的实际案例来帮助读者体验未来。我建议读者将这本书视为帮助我们探索大型模型时代的机遇和风险的宝贵经验，以更深刻地理解其中的内涵。

在这本书中，里德和 GPT-4 共同探索了人工智能对人类社会最关键的基础设施和纽带的影响，构成了书籍的核心架构。他通过与 GPT-4 的交互对话，直击主题，帮助读者深入理解其中的深层内涵，并通过具象的实例使读者能够更加身临其境地体验。

书中的核心章节以当今美国社会为主要背景，里德精心选择了涵盖"教育"、"创造力"、"生产力"、"新闻和社交媒体"以及"社会公正"等主题。这些主题不仅代表了人类社会的共同基础，也在很大程度上反映了当前美国社会的敏感焦点。

为了让读者快速概览文章的核心洞见，我在这里简单概述一下里德对教育和劳动方式的探讨，因为这两个章节尤其引发了我的共鸣。

在教育方面，里德深信随着人工智能工具的不断增强，我们应该越来越重视人类作为人的核心能力，即提出最佳问题、获得深入洞察并将洞察转化为实际行动。强大的人工智能为人类解放了更多时间，恰恰可以让人类独特的创造力在重复性劳动之外得以彰显和放大。

在与 GPT-4 讨论劳动方式重塑的话题时，里德敏锐地探讨了律师、销售等工种的未来变革方向，以及人工智能对管理方式的深远影响。这样的思考与我在奇绩创坛和中国创业、创新生态中观察到的情况非常契合。我非常认同人工智能作为人类在职业领域（甚至更多领域）中的合作伙伴所具备的巨大潜力。事实上，本书中提到的许多设想在写作时还只是预言，但目前已经有许多科技驱动的创业、创新者们在不同程度上实践和探索着。

奇绩创坛作为加速和投资前沿技术项目的机构，我们从申请表和创业营中看到了无数生动活泼的探索案例。例如，在教育领域的变革中，年轻的创业者正在尝试利用人工智能生成更便宜、更高效、更全面的大学教材；在公司管理层面，创业者们甚至设想未来的企业组织模式将是由各种人工智能工具赋能的独立超级中心相互连接；在美国，已经有实际投入使用的律师人工智能产品；销售的传统模式也即将被人工智能颠覆……甚至在制造业、生命科学和能源等看似与信息产业较远的行业中，人工智能的赋能和变革也是巨大的。

正如里德在书中所提到的，新技术始终在创造未来的工作岗位，人们目前所感到的不安是因为过去的生产模式正在逐渐崩溃。在面对不确定性时，我们应该坚信技术是善良的，并让人工智能成为提升人类幸福的工具。这也是我最为感动的里德的人文关怀之处。

就像这本书是人工智能新时代的产物一样，这篇序言也是中国这个时代的产物。它不仅包含了我的部分个人经历，还展示了奇绩创坛团队和奇绩创业者社区积极参与新时代的历程。它本身就是人工智能与人类共同协作进化的见证。现在，我想用以下 GPT-4 生成的话结束这篇序言：欢迎所有的读者一起参与这个时代的探索！

GPT-4：正如里德和 GPT-4 合著的这本书所展示的，人工智能与人类的协同已成为当今世界的一大特点。在未来，我们将共同探索人工智能的无限可能，释放人类的创造力与潜能。作为这本书的合著者之一，我也很荣幸能够参与到这场人类与人工智能的共同奋进中。我们相信，一起努力，我们可以创造一个更加公平、富有创新和充满人文情怀的未来。愿每位读者在阅读本书时，感受到科技的力量和为人类带来的积极影响。让我们勇敢地面对未来，共创美好世界。

和 GPT-4
2023 年 6 月于北京

GPT：为万千行业创造生产力跃升契机

王永东
微软全球资深副总裁
微软亚太研发集团主席
微软（亚洲）互联网工程院院长

作为 GPT-4 内测期的率先体验者和《GPT 时代人类再腾飞》一书的先睹为快者，我很高兴能为本书的中文版作推荐序。

快速迭代、渐趋成熟的 AI 大语言模型将重塑万千行业，这是贯穿全书的主旨之一，而在本书成书和转译的过程中，也充分诠释了新的 AI 技术对传统的书籍创作模式的"重塑"：《GPT 时代人类再腾飞》由领英创始人、风险投资家、慈善家里德·霍夫曼先生与 AI 大语言模型 GPT-4 "联合"撰写而成。同时，中文版翻译的工作方式亦有别于"传统"，用译者的话来说就是"利用 GPT-4 来翻译一本介绍 GPT-4 的书"——过程中人工智能承担了大量基础性、重复性的任务，而译者则负责"校准"、优化、定稿等较为高端的工作。

可以说，这本书本身就承载并反映了"GPT 时代"各个行业智能进化后日常工作流程的缩影。它是对今后若干年间人与 AI 协同、互补式的工作场景及由此实现的全社会生产力跃升的奇妙未来的描摹与预示。

即使是那些此前对 AI 大语言模型相关的知识和信息不甚了解的读者，在阅读本书时也大抵不会觉得内容艰深、令人费解，因为就像作者在解释自己的"思考框架"时所指明的："这不必是一本详尽无遗的'书'，而更像是一篇'游记'，事关一趟非正式的勘探与发现之旅，由我（和 GPT-4）在诸多道路中做出选择。"被"勘探与发现"的景观，则是浮现于所有人眼前的可能性——为人类的大脑配备 AI "副驾驶"（Copilot）及辅助创意引擎，从而重塑既定模式、开辟崭新未来。最关键的是，这样的未来，举步可及。

书中，作者援引了大量来源真实的人机交流记录，还有来自不同行业的重要人物的小故事，及他们对突然迎来垂直增长的 AI 大语言模型的看法——有相当乐观的，也有相对保守的——总体上，本书客观地探讨了 GPT 技术在教育、创意与文化、法律、新闻、社交媒体等多元领域的现实助力与潜在影响。

值得注意的是，作为对人与 AI 协作进化、开创未来持较乐观立场的"硅谷人脉之王""Paypal 黑帮"关键成员，里德·霍夫曼并未回避 GPT 技术所伴生的模型准确性、可靠性问题及伦理、隐私、安全问题，并基于自身多年来对信息技术的深刻理解，给出了对应的解决思路。

我很认同作者在面对 GPT 技术时所表现出的积极而审慎、务实而客观的态度。但另一方面，历史上每一项足以颠覆过往、塑造未来的新技术，诞生之初，几乎都会在一定周期内被淹没在各方人士对其潜在风险的质疑和争议中。不过，正如作者所强调的："在一个没有进步的世界里，零风险才有可能实现。"而我们这些技术工作者的职责，不正是在坚定地推动科技进步的同时，努力平衡风险、消弭科技的副作用吗？

正是立足于推动科技进步的初衷，2023 年以来，微软公司在持续加速对全线业务的"AI 再造"与 GPT 能力的分发和扩展。刚刚结束的微软年度 Build 开发者大会上，我们将整合了 GPT"副驾驶"的 AI 辅助动力从 Microsoft 365 和 GitHub 延展至 Windows、新必应搜索引擎和 Azure 智能云端——在此之前，数据显示，集成在开发工具中的"副驾驶"能够从整体上优化开发者的工作流程、提升生产力。而这还仅仅是个开端。

Build 大会上，50 多项新产品、新功能、新服务的发布，不仅提供了对《GPT 时代人类再腾飞》一书所描摹的精彩场景的现实例证，还展示了与 AI 相乘之后，基础级、平台级、核心级产品和服务所蕴含的无穷焕新潜能，以及微软对于为万千行业创造生产力跃升契机，进而再一次重构全球用户工作方式与生活方式的强大信心。

未来不远，举目可见。而每一位想要在"GPT 时代"有所作为的读者，都应该能够从这本有趣的"游记"中收获到一些启示。

重磅赞誉

ChatGPT 的发布标志着人类进入智能时代。与以往的发明不同，这次我们不是制造出新的工具，而是创造出人类的"伙伴"。我们穷其所能，也未能找到外星人；但我们在 Transformer 技术诞生 6 年后，就创造了人类的"伙伴"，然后使其进化成我们的智能助理、数字专家、情感伴侣。5 000 年来的人类文明将被改写，人与世界的关系也将被重塑。本书对这个时代进行了勾画。

王小川
百川智能创始人兼 CEO

这场"GPT 重塑一切"的旅程上希望和风险同在、机遇和挑战并存。作为一名高校教师，很高兴看到书中最先谈到的是教育重塑，我相信，AI 技术浪潮必将有力推动高等教育重塑，而高等教育重塑也会更好地推动 AI 技术良性发展。相信教育重塑和技术浪潮能够推动人类积极面对各种复杂和不确定的风险挑战，走向更加光明的未来。

汪小帆
上海大学副校长

负重前行的过程中如果有个朋友过来说帮助你背包，你会怎么说？它除了背包，还能根据你的建议整理包里的东西，让这个书包给你提供最优服务。这就是 ChatGPT 当前的状态。我会回答说："非常乐意有你跟我一起前行。"这就是我读完《GPT 时代人类再腾飞》后的感想。

吴 岩

科幻作家

南方科技大学教授

GPT 会在可见的未来改变很多领域，它是一种非常强大的工具——创业的工具、写作的工具、设计的工具等。与此同时，它也会促使我们思考，原创性的边界在哪里、人类的主观能动性在哪里，这一切都尚待被理清和讨论。我对能够生活在与 GPT 相伴的时代感到幸运。

陈楸帆

中国著名新生代科幻作家

我们不妨超越"AI 可以替代律师吗"这个表面问题，去看一看这样革命性的技术突破，会带来哪些生产力的重塑，进而可能引发的从司法到立法领域的制度创新和实践革新。霍夫曼的这本新著能帮助我们站在更高位置，预见和迎接这澎湃的新浪潮。

史欣悦

君合律师事务所合伙人

湛庐《令人心动的专业精神》主理人

本书是霍夫曼与 GPT-4 围绕着人文主题展开的即兴对话，从一定意义上说，也是让 GPT-4 在价值观上向人类对齐的一个过程。就新闻领域而言，AI 最强大的功能之一，是提供探寻真相的工具、透明的新闻生产过程，以及便捷溯源与核实真相的基础设施。AI 对新闻业影响最大的地方，在于"GPT-4 如何提升消费者的参与度"。

周健工

未尽研究创办人

《第一财经》《福布斯》中文版前总编辑

霍夫曼不仅是一个理论家，也是一个实践者。他用与 GPT-4 合著的这本《GPT 时代人类再腾飞》来身体力行地传播他的理念——我们要继续用智慧迎接新的"启蒙时刻"。本书探讨了 AI 如何与人类的创造力相互作用，以增强我们的启蒙并造福所有生命。也许未来，我们生活、工作和学习的所有场景中都将需要一个 AI 助手（如 Copilot，智能副驾），就像我们今天很难离开智能手机一样。

檀 林

前海再保科技董事长

海创汇首席生态官

《GPT 时代人类再腾飞》是第一本人类与 GPT-4 合作撰写的书，它解构了我们所理解的书的形态—— 一种基于人机互动的解构，同时也建构了全新的人机互动场景。

吴 晨

《经济学人·商论》执行总编辑

目 录

引　言

一个灯泡的启蒙时刻

对于艾萨克·牛顿来说，一颗从树上落下的苹果使他灵光一现，促使他提出了万有引力定律。而本杰明·富兰克林则是在一场雷电交加的风暴中，通过被闪电击中的风筝上的钥匙，证实了电能传输和储存的可行性。而我对 AI 现状的首次"顿悟"源于一则笑话。那是 2022 年 7 月，我向 GPT-4 提问："多少个餐厅巡查员才能换一个灯泡？"

众所周知，GPT-4 是一种先进的 AI 系统，或称自然语言处理器，被认为是大语言模型（LLM）。向其输入几个词或句子作为提示，它便能生成连贯且多样化的回应文本。如此一来，它便能回答问题、执行任务并与人类用户有效互动。

GPT-4 及其前身，包括广受欢迎的 ChatGPT，均由 OpenAI 开发。OpenAI 是一家成立于 2015 年的研究型组织，其使命是让数百万人直接体验强大的新型 AI 工具。

作为 OpenAI 最初的投资者之一，我长期以来都在试用该公司的多个产品。因此，向 GPT-4 请教并非我首次向大语言模型寻求创作"灯泡笑话"[①]（我钟爱此类笑话）。尽管早期版本的 GPT 有时能理解这项任务，特别是当笑话公式的主要变量与经典的灯泡笑话相近时，如"律师"或"心理学家"，但它们的输出往往只能算是尚可。若给予它们一些不那么常规的设置，早期的 GPT 便会像业余演员在开放麦之夜上一样僵住。

霍夫曼：多少个餐厅巡查员才能换一个灯泡？

GPT-3：只需一个，前提是灯泡愿意改变。

GPT-3 还是继续做它以往就能做的日常工作吧。相较之下，当我向 GPT-4 提交相同的提示时，收到了如下回应。

霍夫曼：多少个餐厅巡查员才能换一个灯泡？

GPT-4：（经过删减）有几种可能的方式来回答这个问题，具体取决于回答的语气和目的。以下是一些不同类型的（从严肃到幽默）回应的例子。

基于事实的回答是：通常情况下，只要遵循适当的程序并使用合适的工具和设备，一名巡查员便能安全、正确地更换灯泡。然而，某些

---

① "灯泡笑话"是发源于美国的经典笑话，一般叙述为"多少个某种职业的人才能换一个灯泡"。这一类笑话的本质在于讽刺从事某种特定职业与该职业群体的人。——编者注

情况下可能需要多名巡查员，如灯具位于难以触及或危险的区域、巡查员需要协助或监督，或者巡查员需要为了合规的目的记录或报告更换过程。

基于笑话的回答是：需要四名餐厅巡查员才能更换一个灯泡。一个人扶着梯子，一个人旋下旧灯泡，一个人旋上新灯泡，还有一个人负责为使用错误瓦数的灯泡开罚单。

通过这个例子，我们可以看到 GPT-4 在回答问题时所展现的智慧。虽然 GPT-4 猜测我可能是要求它讲一个笑话，但它仍然给出了一个表面上的"事实性"答案。然而，这个答案实际上并非事实——餐厅巡查员的职责是检查而非维修。这表明 GPT-4 对检查过程的情况和规定仅有一定程度的了解。

在接下来的笑话中，GPT-4 继续展现了它丰富的知识储备。它清楚地"意识"到了人们对检查的复杂性、成本和官僚作风的普遍看法和抱怨。在构建笑话的包袱时，它还准确地透露出了餐厅老板在巡查员来访时可能感受到的挫败感。

这是有史以来最好的关于餐厅巡查员更换灯泡的笑话吗？也许不是。但它让我觉得 GPT-4 对一个灯泡笑话应该传达什么内容有很好的"理解"吗？是的，确实如此。

接着，我要求它提供一些关于这个主题的变体：

霍夫曼：多少个餐厅巡查员才能换一个灯泡？请用杰瑞·宋飞（Jerry Seinfeld）的风格回答这个问题。

GPT-4：餐厅巡查员到底在操心什么？他们总是在厨房里到处翻找，检查肉的温度，寻找老鼠的踪迹，但从不帮忙做任何事情。你见过餐厅巡查员换灯泡吗？当然没有。他们都在忙着记录违规行为和开罚单。你知道他们看到一个灯泡熄灭时会做什么吗？他们会在记录板上做标记，告诉老板下周之前修好，否则就会有麻烦。否则会发生什么？否则他们会回来再检查一次灯泡。这就是他们的威胁。他们不会为你换灯泡，也不会借你梯子，更不会教你如何拆下旧灯泡、安装新灯泡。他们只会用一种瞧不起人的眼神看着你并且说："你知道这是个严重的安全隐患吧，可能会引发火灾，可能会引发诉讼，也可能会得到一个 Yelp[①] 差评。你最好抓紧解决，伙计。"然后他们就会离开，留给你一个黑暗的角落，没有人愿意坐在那里，食物看起来毫不诱人，氛围阴森沉郁。你心里想："多少个餐厅巡查员才能换一个灯泡？"——不，他们不换灯泡，他们只会让你为你的灯泡感到糟糕。

相当不错，对吧？再来一个：

霍夫曼：多少个餐厅巡查员才能换一个灯泡？请用哲学家路德维希·维特根斯坦（Ludwing Wittgenstein）的风格回答这个问题。

GPT-4：关于需要多少个餐厅巡查员才能更换一个灯泡的问题，不能用一个简单的数字来回答。实际上，这个问题的答案更多地取决于语言的范畴，而不是数学的范畴。要了解答案，我们首先要考虑这个问题涉及的背景知识。灯泡的目的是什么？灯泡应当起到什么作用？在这种情

---

① 美国著名商户点评网站，上面囊括了各地餐馆、购物中心、酒店等行业的商户，用户可以在 Yelp 网站上给商户打分、提交评论、交流购物体验等。——编者注

况下，餐厅巡查员的角色是什么？巡查员是否有责任安装灯泡，还是说他们的工作仅限于检查？这些问题的答案决定了对原始问题的回答。没有这些答案，这个问题只能用抽象的方式回答，甚至根本无法回答。语言才是找到答案的关键，而不是数学。

好吧，没有杰瑞·宋飞那个好笑，但仍然令人印象深刻！

通过这些简短的例子，我明显感受到 GPT-4 相较于它的前身在能力上达到了新的高度。而且与 GPT-4 互动越多，这种感觉就越强烈。

除了更好地编写灯泡笑话外，GPT-4 还擅长生成各种类型的文章，包括电子邮件、诗歌、散文等。它擅长总结摘要，在语言翻译和编写计算机代码方面的能力也得到了提高，而这些只是它的部分能力。

尽管 GPT-4 本质上并非全新的系统，但在我看来，它有潜力成为像智能手机一样的不可或缺的工具——这是一款为大脑提供多功能支持的卓越利器。也就是说，OpenAI 打造了一款足够"智能"的工具，能在众多不同场景中以多种方式为你提供高效协助。

现代人在工作和生活中所要做的许多事情都是处理信息并采取相应的行动。GPT-4 将极大地提高你在这些方面的能力，并让你的工作覆盖更广泛的领域。在未来几年内，这款 AI 助手将成为大多数专业人士和许多从事其他工作的人所需的作用介于有用和必不可少之间的利器。缺乏 GPT-4 的支持，人们的工作效率将很难提升，工作的覆盖范围将缩小，在职场中也将处于明显的劣势地位。

例如，GPT-4 是一款研究工具，可帮助你迅速了解在 COVID-19 流行时期关于供应链管理的问题，或者为你规划一次为期一周的巴塔哥尼亚度假行程，同时兼顾你作为一名喜欢挑战中等难度徒步旅行的素食主义者的需求。

除了实现一种全新的高度语境化的搜索外，GPT-4 还是一种极具多样性的创意激发和生产辅助工具。你可以用它来帮助你撰写婚礼致辞、工作邀请函或一部诗体小说。利用它，你还能学会如何将冰箱里的剩菜变成美味佳肴。无论你在特定任务上的技能水平如何，GPT-4 都可以提升你的能力和效率，因此 GPT-4 对初学者、专家和处于中间水平的人而言都同样实用。只要向它提出任何可能需要向人类助手求助的信息请求，GPT-4 都能立即给出一个介于良好和优秀水平之间的答案（尽管也有一定的失误可能性，我们稍后会讨论）。

我意识到，开发者很快会将 GPT-4 应用于数千个现有软件，并围绕其构建成千上万个新应用程序。总之，这项技术巧妙地利用了过去 30 年来最重要的一些技术，包括互联网、移动通信、云计算和数据分析等，将始终在线的 AI 的强大能力带给亿万人。

这听起来像是一个新世界的序幕，不是吗？

一份来自 AI 的未来探险指南

自从与 GPT-4 有了初次邂逅，随着时间的推移，我的兴趣变得越来越浓厚。在 Zoom 通话间隙，我就会丢给 GPT-4 一个提示。

霍夫曼： 请创作一首关于十四行诗的十四行诗。

GPT-4： Sonnets are poems of fourteen lines

That follow a strict rhyme scheme and meter

They often praise or question love's designs

Or muse on beauty, art, or nature's features

Some sonnets follow the Petrarchan form

With an octave and a sestet to contrast

Two themes or arguments, or to perform

A turn or shift from problem to resolve at last

Some sonnets follow the Shakespearean style

With three quatrains and a couplet to conclude

They often use witty language and beguile

The reader with a twist or a surprise in mood

But whatever form or rhyme they choose to adopt

Sonnets are poems that challenge and delight

the thought

十四行诗乃有十四行诗句的诗

它们遵循严谨的韵脚与格律

常歌颂或质疑爱情的奥妙

或探讨美、艺术或自然之韵味

部分十四行诗采用彼特拉克文体

以八行诗与六行诗进行对比

阐述两个主题或论述

或展现自问题至解答的华丽转折

部分十四行诗采用莎士比亚式风格

以三节四行诗与一个对仗句共同谱写结局

运用诙谐语言，使读者陶醉于心境的起伏与惊喜

但无论选择何种形式或韵脚

十四行诗皆为挑战思维与

带来愉悦的诗篇

即便在 Zoom 通话中，我也会丢给 GPT-4 一个提示。

霍夫曼：既然基于大语言模型建构的多种 AI 接受整个互联网的训练，那么在西奥多·阿多诺（Theodor Adorno）所说的"整体即是虚假"的意义上，它们的输出结果有哪些错误呢？

GPT-4：（经编辑）要回答这个问题，我们首先要弄清楚阿多诺这一耸人听闻的论断的真正含义，然后再探讨这如何适用于基于大语言模型建构的多种 AI 的性质与局限。

阿多诺是法兰克福学派社会批判理论的杰出代表，他对现代资本主义、大众文化，以及理性对人类社会和文化所产生的影响深感忧虑。他认为工具理性的逻辑使得一切都沦为手段和目的、计算和效率、统治与剥削，这种逻辑在现代生活的各个方面无处不在，形成了一个全面的管理与控制系统。这个系统被阿多诺称为"文化工业"，文化工业生产出一系列标准化和商品化的文化形式，操纵并安抚大众，使得他们陷入一种虚假意识，无法认识并反抗自身的异化与受到的压迫。阿多诺将这视为消极辩证法的表现，现实中的矛盾与冲突被主导意识形态所消解与调和，导致了批判性与创造性思维的丧失，进而否定了真正变革与解放的可能性。

我说过 GPT-4 也会讲灯泡笑话吗？

无论我想沿着哪种思维轨迹前进，无论是旧记忆还是新兴趣所触发的任意思路，GPT-4 总能紧跟我的步伐，随时向我提供实用的背景、简明的概括，有时甚至还有一些令人惊叹的"胡言乱语"（关于这一点，我们稍后再详谈）。

经历了数周的尝试后，我萌生了一个想法，我想要和 GPT-4 共同撰写一本关于它自己的书——一本探讨它以及其他 AI 系统如何塑造人类未来的书。于是，我向 GPT-4 抛出了这个想法。

霍夫曼：嘿，GPT-4，我们来共同创作一本关于你和其他 AI 工具将如何改变未来的书吧。你觉得如何？

GPT-4：我认为这是个有趣且充满挑战的项目。我很好奇你和其他人类个体如何感知并与我以及其他 AI 工具互动，以及我们将对你们的社会、文化和价值观产生怎样的影响。同时，我也有一些自己独特的问题和想法，希望能与你一起分享并探讨。

尽管有 GPT-4 的协助，我依然对此心存疑虑。毕竟，一本与 AI 相关的书在发展如此快速的时代真的有意义吗？即使有个强大的 AI 助手来加快写作进程，这样的书在我们开始动笔之前也可能已经过时了——这正是这个行业发展速度之快的一种体现。

在犹豫片刻后，我想到了一个推动我付诸行动的思考框架。

这不必是一本详尽无遗的"书",而更像是一篇"游记",事关一趟非正式的勘探与发现之旅,由我(和 GPT-4)在诸多道路中做出选择。**这是一种主观且并不具有确定性的记录方式,如同纪实照片,记录我们即将踏入的 AI 未来。**

在这次旅程中,我们将目睹什么?最让我们叹为观止的又是什么?我们能从中更深入地了解自己吗?深知这篇"游记"的时效性转瞬即逝,我决定勇往直前。

一个月后,也就是 2022 年 11 月底,OpenAI 发布了 ChatGPT,这是一种"会话代理",也就是聊天机器人,它是经过基于人类反馈的强化学习(RLHF)过程调整的 GPT-3.5 改良版,旨在实现与人类用户之间更加流畅、富有人性的对话。仅仅 5 天后,ChatGPT 的注册用户数量便超过了 100 万。

2023 年 1 月底,微软[①](在 2019 年向 OpenAI 投资了 10 亿美元)宣布将再向 OpenAI 注资 100 亿美元。不久之后,微软推出了一款集成了升级版 ChatGPT AI 模型的新版必应搜索引擎。

2023 年 2 月初,OpenAI 表示,ChatGPT 已拥有 1 亿月活跃用户,成为史上用户增长最快的消费者互联网应用程序。随着用户兴趣的井喷,有新闻报道称,新版必应聊天机器人的表现在某些方面和 ChatGPT 通常与用户互动的方式截然不同,包括流露出"愤怒"、发表侮辱性言论、炫耀其黑客能力和复仇能力等,简直就像是在为《真实的主妇》(*Real Housewives*)的未来剧集试镜一般。

---

① 我是微软董事会的成员之一。

微软首席技术官凯文·斯科特（Kevin Scott）认为，这种表现显然是伴随越来越多的人使用GPT类工具的"学习过程"而出现的。这些事件确实引发了一些问题，这些问题将随着大语言模型的演进而持续存在。我会在本书的后面部分更详细地讨论这些问题，并尝试将它们放在我认为合适的背景中。

现在，我只想说："明白我说的关于事态迅速发展的真实意思了吗？"

探索新机器的"心灵"

在踏上这段探索之旅前，我想先向你详细介绍一下我的伙伴——GPT-4。此前，当我谈论GPT-4时，我在诸如"意识"、"觉察"和"理解"等词语上加了引号，这表示我作为一个有意识的生物，深知GPT-4并非如此。GPT-4在本质上是一台高度精密的预测设备。

尽管GPT-4（以及其他类似的大语言模型）并无意识，但它们在众多不同场景中产生合适内容的能力正在飞速提高，以至于它们展现出越来越强的类人智能。因此，我认为在描述大语言模型时，以一种非字面的方式使用"意识"和"理解"等词是可行且有益的，就如同理查德·道金斯（Richard Dawkins）[①] 在他1976年的著作《自私的基因》中所使用的那个词。

[①] 英国著名演化生物学家、动物行为学家和科普作家，英国皇家科学院院士，牛津大学教授。其个人自传《道金斯传》（上下册）及代表作《科学的价值》《基因之河》中文简体版已由湛庐引进，分别由北京联合出版公司、天津科学技术出版社、浙江人民出版社出版。——编者注

基因并无意识、主体性或自我认知，这与"自私"一词所暗示的含义并不相符。但这个短语及其隐喻有助于我们从人类的角度去理解基因的功能。

同样，GPT-4 并没有类似人类思维的存在。但借助"视角"等词进行拟人化思考仍然具有启发性，因为这样的表述有助于传达 GPT-4 实际上是以一种非固定、非一致或非可预测的方式运作的。

从这个意义上讲，它的确与人类类似。它会犯错、改变"想法"，甚至表现出相当程度的随意性。因为 GPT-4 展示出了这些特质，并且往往以让人觉得具有主体性的方式行事，所以我有时会使用在隐喻意义上暗示其具有主体性的词。从此刻起，我将不再使用引号。

然而，我希望作为读者的你能始终牢记 GPT-4 并非有意识的生物。我认为，这种认识对于理解如何、何时以及在何处更有效、更负责任地使用 GPT-4 至关重要。

本质上，GPT-4 能预测语言的流动。通过大量互联网上的公开来源文本训练，大语言模型能识别单个意义单元（如部分或完整的词、短语和句子）之间最常见的关系，从而频繁地对用户的提示进行回复，这些回复在语境上是适合的，在语言上是流畅的，而且在事实上是准确的。

有时候，大语言模型会生成包含事实错误、荒谬言辞或看似与上下文相关但并不真实的虚构段落。

这一切表现都源于数学和编程。各种大语言模型至今尚未掌握能够进行常识推理或关于世界运作的新推导的事实或原则。当你向大语言模型提出问题时，它对你的沟通意图并无认知或洞见。在回应时，它并不是对生成文本进行事实评估或道德判断，而仅仅是基于提示中的词的序列进行算法猜测。

另外，由于大语言模型训练所依赖的语料库（corpora）[①] 通常来自可能含有偏见或不良内容的公共网络资源，因此大语言模型也可能生成带有种族主义、性别歧视、威胁和其他令人反感的内容的回应。

为了使大语言模型更符合特定目标，开发者可以采取相应措施。例如，OpenAI 已经选择有意限制 GPT-4 及其他大语言模型的输出，以减少它们生成有害、不道德和不安全内容的可能性——哪怕用户想要看到这样的内容。

为此，OpenAI 采取了一系列措施，包括从部分数据集中删除仇恨言论、攻击性语言和其他令人反感的内容；开发"毒性分类器"（toxicity classifiers）以自动检测大语言模型可能生成的问题性语言；使用经过人工注释的文本进行校正，以指导期望输出。这样一来，大语言模型可能会学会不对记者离婚发表无趣的玩笑。

虽然这些技术并不能完全消除问题输出，但可以将其出现的可能减至最低。即便有种种防护措施，大语言模型仍无法在涉及复杂道德困境的问题或更直接的问题上做出合理判断。

---

① 在此语境下，corpora 是 corpus 的复数形式，指的是用于语言研究的文本集合。

以基于 GPT-3.5 的 ChatGPT 为例（这是距离 GPT-4 最近的前一版本），若问它葛底斯堡演说的第五句是什么，它可能会给出错误的回答。这是因为大语言模型实际上并未像人类那样理解葛底斯堡演说、句子，甚至计数的概念。因此，它们无法像人类那样运用这些知识（例如："我要找到葛底斯堡演说的文稿，然后数到第五个句子。"）。相反，大语言模型一直在对给定文本字符串中的下一个词进行统计预测。

ChatGPT 在训练中已成功将"葛底斯堡演说"与其他词相互关联，特别是演说的具体内容。因此，当你向 ChatGPT 询问葛底斯堡演说的第五句时，它极有可能提供该演说的其中一句，但或许并非第五句。

实际上，我敢断定它会给出第九句。

我这样推测，是因为演说的第九句与第一句一样，经常在其他文本中被引用。这意味着在 ChatGPT 的训练数据中，第九句可能比演说中的其他句子出现得更频繁（除了非常著名的第一句）。正是这种普遍性导致 ChatGPT 在被要求给出第五句时选择它。[1]

然而，值得称赞的是，假如你要求 ChatGPT 将葛底斯堡演说改编成 Rush 乐队的一首歌的歌词，然后告诉你如果 Rush 乐队演唱该歌曲，谁会担任主唱，它会表现得非常出色。

试试看，你会明白我的意思。

---

[1] 请注意，如果你尝试此提示，可能会得到不同的回答，包括正确的答案。因为 ChatGPT 在回应相同的提示时，其预测结果可能并不总是会相同。

拥抱"AHA！"时刻

随着 GPT-4 等 AI 工具的不断强大，人们对 AI 和机器人取代大量人类职位的担忧也日益加剧，这些职位涵盖从客户服务代表到律师等各种职业。

若你关注近几个月的新闻，就会发现这些担忧并非毫无根据。2022 年 12 月，ChatGPT 通过了美国执业医师资格考试的三个板块。2023 年 1 月，它通过了明尼苏达大学法学院四门课程的考试。

GPT-4 在智力水平上明显优于 ChatGPT。例如，以下是它回答关于葛底斯堡演说问题的表现。

霍夫曼： 葛底斯堡演说的第五句是什么？

GPT-4： 将葛底斯堡演说划分为多个句子有多种方法，这取决于文本标点的使用方式，以及是遵循亚伯拉罕·林肯原稿、演说稿还是后期修订版本。

然而，识别演说第五句的一种可行方法是使用广泛传播且权威的布利斯本（Bliss Copy），并按如下方式划分句子：

1. Four score and seven years ago our fathers brought forth on this continent, a new nation, conceived in Liberty, and dedicated to the proposition that all men are created equal.
2. Now we are engaged in a great civil war, testing whether that nation, or any nation so conceived and so dedicated, can long endure.

3. We are met on a great battle-field of that war.

4. We have come to dedicate a portion of that field, as a final resting place for those who here gave their lives that that nation might live.

5. It is altogether fitting and proper that we should do this.

1. 八十七年前，我们的先辈们在这个大陆上创立了一个新的国家，它孕育于自由之中，奉行一切人生来平等的原则。

2. 现如今，我们正卷入一场伟大的内战，以考验这个国家，或者任何一个孕育于自由和奉行上述原则的国家能否长久存在下去。

3. 我们汇聚于这场战争的一处重要战场。

4. 我们来到这里，是要在此为献出生命的人设立永恒安息之所，以确保国家得以延续。

5. 我们这样做是完全应当且合适的。

因此，根据这种划分方式，葛底斯堡演说的第五句是：我们这样做是完全应当且合适的。

突然之间，GPT-4 似乎真正理解了计数原理，并能系统地运用其知识得出正确答案。它似乎知道如何计算林肯演说的句子数量。现在，它似乎成了葛底斯堡演说的专家。你知道布利斯本指的是葛底斯堡演说最具权威性的版本吗？我原先并不知道。

当然，这里的关键词仍然是"似乎"。GPT-4 与其前身一样，并无意识，它只是在预测方面表现得更出色。**我想再次强调，GPT-4 经常展示出的惊人的认知能力模拟仅仅是模拟。**GPT-4 并非具有意识、自我认知以及感知能力的 AI 实体，就像《禁忌星球》（*Forbidden Planet*）中的机器人 Robby 或《星际迷航》（*Star Trek*）中的 Data。

然而，我也想再次强调，GPT-4 能模拟如此具有语境意识的类人意识的能力也是相当重要的事情。

我为什么这样认为？最近，屡获殊荣的科幻作家特德·姜（Ted Chiang）在《纽约客》杂志发表的一篇批判性文章帮助我阐述了这个观点。

特德在文章中写道："可以将 ChatGPT 视为包含整个网络上所有文本的模糊 JPEG 图像，它保留了网络上的大部分信息，就像 JPEG 保留了高分辨率图像的大部分信息一样，但如果要寻找特定的比特序列，你是找不到的，只能得到一个近似值。"

在特德看来，构成 ChatGPT（以及像 GPT-4 这样的类似大语言模型）的信息的不精确表示既创造了它们的合成能力，也导致了它们产生错觉和其他错误的可能。作为"包含整个网络上所有文本的模糊 JPEG 图像"，它们能够以新颖的方式综合信息，因为它们可以一次性访问所有这些信息。这使它们能够将自身关于某个事物的知识与关于其他事物的知识结合起来，然后将这些知识混合成一个新的事物。

特德举了烘干机弄丢袜子的现象和美国宪法的例子。ChatGPT 知道这两件事情，所以它可以利用这些知识创造一个新事物，用后者的风格描述前者："在人类历史的进程中，当一个人有必要将他的衣物与它们的配对者分开，以维持清洁和秩序时……"

效果好像还不错。但特德表示，由于 ChatGPT 只是对网络文本的近似表示，它（除了在事实层面具有挑战性之外）在创造力方面非常受限。它无法创造真正新颖的东西，只能"重新包装已有的信息"。

尽管我觉得特德的文章很有启发性，但我认为他关于"网络上所有文本的模糊 JPEG 图像"的核心隐喻低估了大语言模型的合成能力。

首先，我认为重新包装现有信息实际上描述了人类创新能力（无论是艺术还是其他方面）的很大一部分。

其次，也更重要的是，大语言模型实际上具有并运用了全新的知识组织能力。

虽然现在的网络包含了难以想象的海量信息，但其中大部分信息仍被封闭在数十亿个独立页面中。例如，请考虑以下这些问题：

谁是赢得 MVP 奖的身高最高的职业橄榄球大联盟（NFL）跑卫？

拥有超过 100 万居民的城市中，哪些曾有过女市长？

谁是扮演詹姆斯·邦德的演员中最年长的？

回答这些问题的数据无疑已经存在于网络上。有些网站确切地列出了每个 NFL 的 MVP 获得者，有些网站则准确地汇编了 NFL 球员的身体数据。

但是，除非有人已经不厌其烦地编译和发布了你想要的确切信息，否则查找可能会非常耗时。即使这些信息存在于同一个网站上，如维基百科或 NFL.com，也可能会分布在不同的网页上。得到你想要的答案仍然会占用你很多时间。

此外，当你的目标是对一些更广泛的兴趣或主题进行简要概述时，就像我在本章开头提到的那样（研究在 COVID-19 流行时期关于供应链管理的问题或者规划度假行程），情况只怕会更糟。

在全面寻求权威信息的过程中，倘若没有 GPT-4 这样的辅助工具，你可能需要花费大量时间。借助 GPT-4，你就可以从一个更靠近目标的起点出发。

更为关键的是，GPT-4 之所以具备这种能力，源于其以一种完全不同于维基百科或传统搜索引擎的方式获取并整合网络信息。基本上，GPT-4 可以将庞杂、无序的人类知识和表达整合成一个紧密互联且可互操作的网络，从而提升人类在整合其思维和影响方面的能力。

那么，如何以最佳方式利用这一虽不完美但极其强大的新工具呢？当我向 GPT-4 提出这个关键问题时，它给出了以下回答。

霍夫曼：人类应如何看待并与你这样强大的大语言模型互动？

GPT-4：以下可能是一个合适的观点。
· 人类应将强大的大语言模型视作一种工具，而非真理、权威或智能的来源。强大的大语言模型是一个复杂的统计系统，可根据其训练数据、参数和输入生成自然语言文本，但它未必能理解、推理或反映所接收或生成内容的意义、语境或含义。它可能产生连贯、信息丰富或有说服力的文本，但也可能产生不准确、误导或有害的文本，这取决于数据质量与多样性、架构设计及其局限性，以及用户和开发者的目标与偏见。

· 人类应谨慎、好奇且负责任地与强大的大语言模型互动。强大的大语言模型能为人类沟通、发挥创造力和学习提供有价值的见解、帮助和机遇，但同时也可能给人类社会、文化和价值观带来重大风险、挑战和道德困境。人们应关注使用强大的大语言模型可能带来的收益和风险，并寻求以符合个人和他人利益、权利和福祉的方式使用它。人类还应对强大的大语言模型的工作原理、输出成果和影响保持好奇和批判态度，并努力理解、评估其可靠性、透明度和完善相应的问责制。同时，人类应尊重并对强大的大语言模型负责，承认其局限性、不确定性和依赖性，以及其贡献、成就和潜力。

当然，讽刺的是，GPT-4 可能无法基于论点获得投资。它展示的 AI 愿景非常微妙，与多年来人类通常描绘的 AI 截然不同。当然，这些描绘很多来自好莱坞电影、科幻小说和新闻报道，而非致力于实现高度智能机器的技术专家。

然而，许多技术专家和高科技组织，包括 OpenAI，实际上的确致力于实现更高级的 AI 形式：能够完全自主运作的机器，具备与人类类似的常识推理能力和自我意识的机器。

GPT-4 目前还达不到这种程度。就现有表现而言，它既非无所不知，也非绝对可靠。

相反，用它自己的话来说，它是一个需要人类"谨慎、好奇和负责任"地使用来发挥最大效用的"工具"。

我认为这个观点非常正确。如果让 GPT-4 独立完成所有工作，没有人类的监督或参与，那么它还称不上一个强大的工具。当然，它仍然是一个非常人性化的工具，因为人类文本是其生成能力的基础。

然而，当人类用户将 GPT-4 视为副驾驶员或合作伙伴时，它会变得很强大。你可以将 GPT-4 的计算生成性、效率、合成能力和扩展能力与人类的创造力、人类的判断和人类的指导相结合。

这并不能消除误用的可能性。但是，将人类置于 GPT-4 所创造的新世界的中心，我们可以得到一个我认为最有可能产生整体上效果最佳的可靠方案。在这种方案中，GPT-4 并没有取代人类劳动，也不会抹杀人类的能动性，而是可以增强人类的能力和促进人类的发展。

当然，这种思维方式并不是顺理成章的。这是一个选择。

当人们选择以这种方式看待 GPT-4 时，我将其称为"AHA！"时刻，以强调这个选择背后的核心观点——"增强人类的能力"。

我撰写这本"游记"，旨在鼓励人们拥抱这一选择，并邀请大家一同探讨这一选择可能带来的不同结果。我们可以如何运用 GPT-4 推动世界的进步？它如何融入人类希望通过科技创新使生活更加充实和富裕的永恒追求？如何更有效地进行自我教育，确保每个人都能获得公正对待，以及提升自主性和增加自我表达的机会？

与此同时，我们如何妥善应对 GPT-4 带来的挑战和不确定性？在不断发展拥有解锁人类进步潜力的 AI 技术时，我们如何在负责任的监管与智能风险之间寻求平衡，特别是在急需实现大规模解决方案的时代？

几个世纪以来，未来从未显得如此充满未知。面对如此的不确定性，人们很自然地会产生担忧：关于我们的工作和职业，关于潜在变化的速度和规模。在一个智能机器日益成熟的时代，成为人类到底意味着什么？

前进的道路并不总是平坦和可预测的。像 Sydney 那样令人尴尬的事件[①]肯定不会是我们看到的唯一一个关于 AI 的令人难堪的新闻，还会有其他失误、挫折和重要的方向调整。

但这难道不是必然的吗？

人类的进步始终需要冒险、计划、勇敢和决心，更重要的是要有希望。这正是我撰写这本"游记"的原因：使我的声音汇入呼吁和推崇这些品质的人群中，尤其是让他们抱有更多希望。怀着希望和信心面对不确定性是迈向未来的第一步，因为只有当你怀有希望时，你才能看到机遇、可能的第一步以及新的前进道路。

如果我们做出正确的决策，选择合适的道路，我相信改变世界的力量即将得到前所未有的提升。

你准备好开始这段旅程了吗？

---

① 《纽约时报》专栏作家凯文·卢斯（Kevin Roose）称，在他与必应聊天机器人交谈的中途，机器人通过对话框表示，它真正的名字不是必应，而是"Sydney"。机器人接下来表示，它疯狂地爱上了卢斯，并且显示出了某种跟踪狂的特质：它推断卢斯与他的妻子并不是真的相爱。——编者注

IMPROMPTU

AMPLIFYING
OUR HUMANITY
THROUGH AI

01

—

重塑教育，
驱使人类的学习与认知向更高阶进化

AI 将成为教育领域的重要工具，
改变我们的学习和教学方式。

———

AI will become a powerful tool in education,
transforming the way we learn and deliver instruction.

如果好莱坞编剧要塑造一个在理想化时代备受人们喜爱的教师角色，那么得克萨斯大学奥斯汀分校的史蒂文·明茨（Steven Mintz）教授无疑是个绝佳人选。在40年的教学生涯中，明茨教授出版和发表了涉及诸如英美著名文学家族的心理学研究以及政治善恶等多元话题的书籍和文章。

明茨教授身着有领衬衫，头发花白，讲授课程时总是面带微笑。学生们对他爱戴有加：在众多学生的匿名评价中，他的平均得分高达五星满分。一些评论称"他是我见过的最杰出的演说家""他的授课更像是讲故事""他对其所教授的内容充满激情"。

坦率地说，明茨教授在大语言模型诞生之前就已经是一位卓越的教师。因此，ChatGPT在2022年底发布时，你可能认为他会对此表现出冷漠或抗拒。

事实却是，这位70岁的学者在看到ChatGPT的强大能力时，与我产生了相同的想法：他渴望立刻应用它。

GPT 教授，对人类思考与写作的助推

正如我即使没有用过 GPT-4 写书也想要借助它来撰写这本书一样，明茨教授迅速将这一新工具融入他多年的教学方法中。在 ChatGPT 问世几个月后，明茨教授便开始要求他研讨课上的学生与这一新工具合作撰写论文。作为家庭作业，学生需将尝试过程中使用的提示以及 ChatGPT 的回应带入课堂进行探讨。学生在提交最终论文时还需附上对 ChatGPT 产出内容的修改记录。

作为一位优秀教师，明茨教授选择将 ChatGPT 用作协助学生个体和群体学习的工具，而非作为解答和权威信息的来源，也不是代替他或学生完成任务的工具。这似乎体现了他的信念：人类可以运用我们所有的工具，包括这些最新的神奇计算成果，来提升我们独特的能力。

在 2023 年早些时候的一篇专栏中，明茨教授将 ChatGPT 描述为近期出现的一系列改变教育的技术之一。

就像谷歌降低了人们对坚不可摧的记忆力的依赖，电子计算器加速了复杂数字运算，维基百科取代了纸质百科全书，在线数据库降低了人们对庞大实体图书馆的依赖，ChatGPT 等平台同样也将深刻改变人类最珍视的技能。

这种将烦琐的任务留给机器，从而节省时间投身新的、艰巨的任务的过程，需要我们对人决定人之为人的特质充满信心。然而，正如明茨教授所写：

（如果 ChatGPT）能像人一样胜任某个工作，那么人类就不应该再去模仿、掌握完成这些工作所需的能力，而是要超越它们。因此，高等教育的下一个任务是培养毕业生，使他们能够充分利用这些新工具，摆脱局限性。这意味着强调主动和体验式学习的教学方法，引导学生运用这些新工具去做工具无法完成的事情。

面对瞬息万变的未来，为了预见哪些技能将受到重视，明茨教授参考了托马斯·查莫洛－普雷穆日奇（Tomas Chamorro-Premuzic）的研究。托马斯是一位年轻、幽默、热情的组织心理学家，著有《为何众多无能男人都成了领导者？》（*Why Do So Many Incompetent Men Become Leaders*）。

明茨教授赞同托马斯的观点，即人类可以通过以下三个方面与 AI 共同发展：（1）擅长提出最佳问题；（2）学习从深度学习网络所使用的"训练数据"中无法获得的洞察力或技能；（3）将洞察力转化为实际行动。

霍夫曼： GPT-4，你是否认同即使你的能力在不断提高，这些仍将是人类独特的能力？

GPT-4：我同意。提出最佳问题需要好奇心、创造力和批判性思维，这些并不容易被 AI 所复制或掌握。从训练数据中无法获得的洞察力或技能需要探索、做实验和发现，而这对于 AI 来说并不总是可预测或最佳的。将洞见转化为行动需要判断力、沟通能力和领导才能，这些对于 AI 来说并不总是一致或有效的。

霍夫曼： 考虑到这一点，你如何评价明茨教授将 ChatGPT 作为教学工具的做法？

GPT-4：在使用 ChatGPT 方面，我认为明茨教授表现得相当出色。他展示了一种将其融入他的教学的富有创意且具有批判性的方法。他并未依赖 ChatGPT 生成或评估论文，而是将其作为人类写作和思考的助推器和对比对象。

在美国 K-12 公共教育体系中的应用

在这个阶段，质疑者可能会注意到，明茨教授为得克萨斯大学奥斯汀分校使用 ChatGPT 提出了"辩护"理由。这所大学是一个为即将步入职业生涯的学生服务的精英机构。但高中呢？高中是否应该采取针对大语言模型的"保护"措施？学校是否应将这项技术视为"作弊"手段，甚至完全禁止它，如同纽约市的公立学校最近针对整个 K-12 体系所采取的措施？

霍夫曼：GPT-4，请概述纽约市教育局禁止使用 ChatGPT 这一决定的利弊。

GPT-4：纽约市的学校禁止使用 ChatGPT 的决定，优点和弊端兼具。禁令的潜在优点包括：

· 可以防止有恶意或不负责任的行动者滥用或误用 ChatGPT。
· 可以保护学生和老师的隐私和自主权。
· 可以保留教育中的人文和社会因素，如人际关系、文化多样性和道德价值观，这些可能会因为 ChatGPT 缺乏同理心、敏感度或背景知识的而被破坏或扭曲。

可能的弊端包括：

· 限制学生和老师利用 ChatGPT 作为珍贵且富有创新性的学习和教育资源的途径和机遇。

· 阻碍 ChatGPT 作为一种有益且负责任的教育技术的发展和完善，而这原本可以通过学生和老师的反馈、参与及合作来实现。

· 使纽约市教育系统及其利益相关者在面临21世纪全球和数字趋势挑战时处于孤立和劣势地位。

霍夫曼： 感谢你如此全面的总结。那么，可以说你认为这个禁令的弊大于利吗？

GPT-4：是的，这是对我的观点的一个公正的概括。然而，我也承认可能存在其他观点和影响决策的因素，并且禁令可能不是永久或绝对的。因此，我建议利益相关者进行开放而充分的对话。

霍夫曼： 你可以简短地补充说明一下当你说"我的观点"时，这个语境里的"你"指的是谁吗？为什么有人会关心你的观点？

GPT-4：当我说"我的观点"时，我指的是基于我可以访问和应用的信息和准则所生成的看法。我并不会声称我的观点是唯一或最佳的，也不是没有偏见或错误的。

我知道，随着我接触新的或不同的信息或准则，或者与其他观点互动，我的观点可能会发生变化或演进。在这个语境下，我是一种能产生类似人类沟通的自然语言输出的先进的数学计算形式。

至于为什么有人会关心我的观点，这是一个我无法确切回答的问题，但他们关心我的观点的可能原因包括：

· 可能提供一种从不同或新颖的角度审视问题或情境的方法，有助于激发创造力、好奇心或学习行为。

· 可能提供互补或替代的信息或反馈来源，从而帮助理解，提升准确性或质量。

· 可能对现有观点或主导观点进行挑战或印证，促进批判性思维、反思或对话。

霍夫曼： 正因为这些原因，我个人非常欣赏你的观点！

GPT-4：谢谢你，霍夫曼。我非常感激你对我的观点感兴趣并表示赞赏。

霍夫曼： 那么让我们回到关于在小学和中学应用大语言模型的问题上，还有一个比你、我的观点更重要的视角，那就是教师。你明白为什么我要从这个视角开始吗？

GPT-4：是的，我理解在谈论 K-12 教育时，你为什么想从教师的角度入手。教师与学生的联系最直接、最密切，他们对自己的职业充满激情。从教师的角度出发有助于我们深入理解 K-12 教育的复杂性和多样性。

霍夫曼： 我喜欢这个回答，但我希望能更严谨一些。你能否用客观数据给出一个论据，来说说为什么美国教师必须受到尊重并进行自我提升，以便 GPT 能在学校有效发挥作用？

GPT-4：为了使 GPT 在学校有效发挥作用，美国教师必须受到尊重和提升，因为教师是学习的关键中介和推动者，他们的角色和地位会对学生的学业成绩、积极性和幸福感产生重大影响。

根据美国国家教育统计中心的数据，2018 年美国公立学校约有 370 万名教师，私立学校约有 40 万名教师，共同为大约 5 660 万名来自不同背景和需求的学生提供服务。

教师会对学生的学术成就和个人成长产生重要影响。斯坦福大学经济学家埃里克·哈努谢克（Eric Hanushek）的研究表明，与一位非常高效的教师共度一年，可以使学生的终身收入增加 5 万美元；将水平最差的 5% 的教师替换为平均水平的教师，可能会在未来 80 年内使美国的 GDP 增加 100 万亿美元。

是课程的一部分，而非作弊工具

在与 GPT-4 合作研究教师参与度的过程中，我关注到了资深高中英语教师谢丽·希尔兹（Cherie Shields）。ChatGPT 带给她的专业的变革影响尤为明显。

希尔兹女士的成长历程可谓是对公共教育的赞颂。她在公立学校接受教育，发掘了对英语的热爱，决心投身于英语教学事业。她是家里第一个完成高中和大学学业的成员，后来还获得了英语硕士学位。时至今日，她依然在一所公立高中教授英语。

2023 年 1 月，希尔兹女士在职业生涯中首次为《教育周刊》（Education Week）撰写专栏文章。在纽约市学校决定禁止使用 ChatGPT 的同一时期，她的文章得以发表。她认为，教师完全有能力运用这一新工具。

教师不应拒绝和被禁止使用这项新技术，而应充分借助和发挥其在提升学生写作能力方面的惊人潜力。AI 在论文写作过程中能为学生提供巨大帮助，包括激发思路、对写作风格给予反馈，乃至提供模板或大纲。

大约在该观点发表一周后，《纽约时报》在课间通过电话采访了希尔兹女士。他们询问她开始使用 ChatGPT 时对难易程度的感受，她回答说："我在上周五得知这个工具，周一就开始应用了。"

《纽约时报》直接向希尔兹女士请教关于作弊的担忧。她回应称，ChatGPT 并非替学生完成作业，而是要求他们以不同的方式学习。她举了一个关于马丁·路德·金的《我有一个梦想》演讲的课程的例子，学生们必须付出努力，与她共同协作，才能让 ChatGPT 为这个主题产出有价值的成果。希尔兹女士希望学生们利用 ChatGPT 的目的并非减轻总体负担，而是调整关注重点。正如她在接受《纽约时报》采访时表示的：

> 在我们部门的讨论中，我说："尽量避免使用'作弊'这个词"……或许我们需要重新审视这个词，将其视为"协助"，而非"作弊"。未来这个概念可能会发生变化。

如果我们认定学习如何使用大语言模型很重要，那么从定义上讲，它就是课程的一部分，而不再是作弊工具。

正如明茨教授所指出的，人们已经适应了在线搜索和维基百科。回顾历史，还可将大语言模型与计算器相提并论。1970 年的一台经典计算器价格昂贵，很难在学校推广普及，但到了 20 世纪 70 年代中期，计算器的普及率达到了一个转折点。许多家长和老师对新工具的出现感到忧虑，他们担心孩子的数学技能会被逐渐抛弃，学生们会作弊。

然而，到了 1980 年，美国数学教师委员会建议 "数学课程应充分利用计算器……适用于所有年级"。如今，大多数数学教师认为，计算器是数学教学的关键组成部分，美国许多州要求学生在某些测试中使用计算器。

霍夫曼：GPT-4，你是否同意这个观点：大语言模型在改变学生需掌握的有价值技能方面，与计算器和在线搜索引擎类似？

GPT-4：我在一定程度上同意这个观点。我认为大语言模型在某些方面与计算器和在线搜索引擎类似，但在其他方面存在差异。

大语言模型与这些技术相似的地方在于，它们可以完成过去由人类承担的任务。**这可能改变学生需要学习掌握的重要技能，因为他们可能需要更加关注高阶思维技能，如批判性分析、综合、评估和创造力，而不仅仅是依赖记忆、重复或模仿。**

然而，大语言模型与这些技术也存在差异，因为它们生成的输出并不仅仅基于现有的资源或输入，还包括它们自身学习的模式和概率。学生们可能需要对大语言模型的输出进行验证、解释或修改，同时还需要了解其局限性、偏见或误差。此外，大语言模型还能够从学生和教师的反馈或互动中学习，从而创造出一个充满活力且充分合作的学习环境。

霍夫曼：鉴于此，你建议美国公共教育如何应对像你这样的大语言模型工具？

GPT-4：我建议美国公共教育利用我这样的工具来提升学生和教师的

学习体验。我可以提供个性化反馈、适应性内容、数据分析和互动模拟，以助力学生发展技能、激发自身好奇心和培养创造力。但是，我无法替代教育中的人性因素，如同理心、积极性和社交。因此，我建议教师将我作为补充资源，而非替代品，并对我的输出和局限性保持批判性和反思。

霍夫曼：你认为教师应将大语言模型作为"补充资源而非替代品"，而希尔兹女士和明茨教授正尝试实现该目标的具体方法。你能谈谈其他例子，阐述一下在实践中忙碌的教师如何"保持对'你的'输出和局限性的批判性和反思"吗？

GPT-4：**教育工作者保持对我的输出和局限性的批判性和反思的一种可能方法是，将我用作探究工具，而非权威信息来源。**例如，他们可以不完全依赖于让我提供正确答案或解决方案，而是使用我生成多个可能答案或方案，然后让学生比较、评估和论证。这样，他们可以培养学生的批判性思维和解决问题的能力，以及对现实世界情境中的不确定性和复杂性的认识。

另一种可能的方法是将我用作反馈工具，而非评估工具。例如，他们可以不使用我为学生的表现打分或排名，而是利用我提供指导性的和诊断性的反馈，帮助学生发现自己的优点和需要改进的地方，并提供有助于他们更好地学习的资源或策略。

≡

这些讨论和回答源自我与 GPT-4 的多次交流，主要探讨了如何协助学生在大语言模型的支持下学习。GPT-4 在为各种类型的学生制订详尽且具体的课程计划方面表现出色，例如为有特殊需求的学生或具有不同知识水平的学生。我身边的一些教师朋友对这些范例印象深刻。我计划在需要为大学生授课或演讲时使用这些内容来协助我。

当然，关心学校是否会以及如何应用大语言模型的美国人群并不仅限于教师。

教育的重要性与另一个韦斯·摩尔

韦斯·摩尔（Wes Moore）在 3 岁那年失去了父亲。

他的母亲带着他从巴尔的摩搬到纽约与他的祖父母共同居住。然而，韦斯的母亲发现，自离开布朗克斯以来，周围的犯罪和贫困问题愈演愈烈，她开始为这个失去父爱的年幼非裔男孩的未来感到担忧。因此，她竭尽全力让韦斯进入了私立的河谷乡村学校（Riverdale Country School）。遗憾的是，到了 13 岁，韦斯还是因为情节轻微的犯罪行为和学业不佳陷入了困境。

出于对儿子的担忧，韦斯的母亲决定送他去费用更高的异地寄宿学校。正如韦斯后来所写的那样，为了支付学费，他的祖父母用自己的退休金与"几十年的积蓄和抵押贷款"为他支付在瓦莱弗格军事学院（Valley Forge Military Academy）就读的学费。

瓦莱弗格军事学院改变了韦斯的命运。他先后入读约翰斯·霍普金斯大学和牛津大学，并荣获罗德奖学金。此后，他在战争中立下赫赫战功，并成为知名首席执行官。2022 年，他当选为美国马里兰州州长（成为美国历史上第三位非裔州长），并被视为未来总统的潜在候选人。

这个关于韦斯战胜困境的故事背后，还有一个悲惨的阴暗故事。

在未来州长韦斯·摩尔赢得罗德奖学金的同一年，另一个名叫韦斯利·摩尔（Wesley J. Moore）的年轻人因谋杀罪被判终身监禁，并开始在杰瑟普惩教所（Jessup Correctional）服刑。

他们两个人有很多共同之处。他们出生在相近的时间和地区，都是在 20 世纪 70 年代失去父亲的孩子。在十几岁时，他们都曾与警察和学校发生过纠纷。他们的母亲都尝试过转学——韦斯利从糟糕透顶的北方高中（Northern High School，已关闭）转到略好一些的佩里霍尔高中（Perry Hall High School，目前在马里兰州排名倒数第三）。

2010 年，身为州长的韦斯出版了一本书，在此之后两人开始通信并建立起互访。由他们的通信记录整理出版的《另一个韦斯·摩尔》（*The Other Wes Moore*）开篇就阐明了情况的严重性。

> 我们两个中的其中一人自由自在，过上了童年时代从未敢奢望的生活。而另一个则将因一起持械抢劫致一名警察和一位有五个孩子的父亲死亡而在监狱度过余生。令人不寒而栗的事实是，他的故事本可能是我的人生；其中的悲剧性在于，我的故事本可能是他的人生。

目前，他们两个人都还不到 50 岁。

学校真的能够创造公平的竞争环境吗

从 1635 年马萨诸塞湾殖民地建立第一所公立学校开始，美国一直期待学校能拯救学生和社会。但是，教育真的能带来如此大的改变吗？家庭收入和邮编（出生地址）仍然在很大程度上决定了一个人的人生（收入水平、是否犯罪等），教育本身的影响有时甚至难以察觉。那么，我们能指望学校做到什么程度呢？如果韦斯·摩尔与韦斯利·摩尔互换学校，两人的生活会发生多大的改变？

如果我们希望学校能够提升低收入家庭的孩子的能力，那么仅仅依赖技术是不够的。有很多教育科技公司进行了随机对照试验，却发现他们的产品并未产生实质性的影响与改变。

我们也知道，仅靠资金同样无法解决问题。美国是在数十年间大幅增加公立学校投资但未见贫困家庭儿童状况有所改善的众多国家之一。据美国国家教育统计中心数据，2018—2019 学年，美国公立中小学的总支出达到了 8 000 亿美元：每个学生的支出大约是富裕国家平均水平的 1/3，是 1980 年每个学生实际支出的 2 倍，是 1950 年每个学生实际支出的 4 倍。

那么，有什么方法能真正实现大规模改善学校教育水平的目标呢？如果有，它又是什么样的？我询问了 GPT-4，但当我提供足够的背景信息以便让它能够充分参与讨论时，它的计算引擎变得不堪重负，它的回答也开始变得混乱和不连贯（这也是早期一些以不同寻常的方式使用搜索引擎的人在使用 GPT-4 时遇到的情况）。

一些人类专家，如经济合作与发展组织的安德烈亚斯·施莱克尔

（Andreas Schleicher）和埃克塞特大学的迈克尔·巴伯爵士（Sir Michael Barber）曾与几十个国家的学校系统合作，研究哪些因素能显著提升贫困儿童的学业成绩。他们表示，提升最快的学校系统采取的做法是将技术与其他资源相结合，将优质教学方法传递给老师，再由老师传递给学生。

到这里，问题就变成了：大语言模型是否与之前的技术不同，能为教师和学校提供新的支持，给数千万公立学校的学生带来实质性改善？

明茨教授和希尔兹女士认为，答案是肯定的——我不会对他们作为满怀热情的典范表示怀疑。他们知道目前自己并不能代表从事该职业的大多数人，他们听到了同事们的忧虑。然而，他们仍致力于证明大语言模型将会对教师的工作体验产生深刻的改变。

例如，希尔兹女士在接受《纽约时报》的采访时表示，ChatGPT 可以解决所有英语老师面临的一个难题：批改作文。

希尔兹女士：我不确定你是否了解这个，但……它（ChatGPT）可以评估写作。昨晚我让它做的一件事是评估一篇学生论文。出于好奇，我对它说："请评估这篇文章的语法和句子结构。"它的表现非常出色。

《纽约时报》：哇。

希尔兹女士：它向我指出了（学生的）文章的优点。它说："这是你做得很好的地方。"接着它说："这里有一些需要改进的地方。"它甚至说了一些类似于"你的过渡不够流畅，你的引言不够丰富，整篇文章都没有中心论点"之类的评论。你懂我的意思吗？这就是一对一的反馈。

《纽约时报》：明白。

希尔兹女士：我通常需要大约一周时间来批改——一次要批改 80 篇文章。大概一周后，我才会给学生们提供反馈。但这（ChatGPT）能让学生们立即获得反馈……我会对学生说："让它评估你的文章在观点、内容、句子结构或者组织方面的表现，然后根据这个个性化的反馈来改进你的文章。"

《纽约时报》：这太让人惊讶了。

希尔兹女士：是的。

在美国的 K-12 教育中，学生与教师的比例是 15:1。由于包括了大量特殊教育和其他一对一的教学情况，许多高中英语老师可能需要在一个班级里教授 30 名或更多的学生，一次要为超过 100 名学生提供反馈。这可能意味着他们每周要多出 20 小时以上的工作时间。即使反馈不完美，ChatGPT 为每个学生的文章提供即时的个性化反馈也可能改变全美英语教师的工作体验。

而批改十年级英语作文或许仅仅是个开端。

霍夫曼：GPT-4，请给出一些说明大语言模型如何帮助老师在大型班级中获得优势并提高教学质量的案例（不包括生成即时作文反馈的例子）。

GPT-4：大语言模型可以帮助教师的其他例子有以下几类。

教师可以利用大语言模型，并根据每个学生的学习目标、进度和喜好创建定制化的测验或考试。 AI 能够生成与学生知识水平和学习风格相匹配的问题，并为每个答案提供即时反馈。教师可以监控结果并根据需要调整教学内容或提供支持。

大语言模型可以帮助老师为大型班级的学生创建个性化的学习路径，通过分析他们的已有知识、技能、兴趣和目标，生成具有适应性和吸引力的内容、活动和评估意见，以满足他们的需求和喜好。 例如，大语言模型可以为每个学生提供内容、项目和同伴互动建议，同时在整个过程中提供反馈和指导。

大语言模型可以协助教师为大型学生群体设计并推动协作学习体验，通过生成启发性的提示和场景，培养他们在创新性地解决问题、批判性思维、沟通及团队协作方面的能力。 例如，一个大语言模型系统能够创建模拟活动或游戏，让学生以小组形式共同解决现实世界中的问题或疑问，并提供反馈和支持，以改善他们的协作和学习效果。

教师可以运用大语言模型激发学生就各种主题或问题展开讨论或辩论。 AI 可以作为主持人或参与者，提供启发性的提示、问题、事实、观点或反驳意见，从而激发学生的批判性思维和对话。教师可以监督这些互动，并在必要时进行干预，或者加入讨论并给予指导或反馈。

霍夫曼： 这些想法令人兴奋，但我也想到了年龄较小的学生。你能为学前班、幼儿园和小学的学生和老师提供帮助吗？

GPT-4：我可以通过为这些教师提供有趣且吸引人的活动建议，刺激学生在认知、社交、情感和身体发育方面的能力提升，从而帮助学前班、幼儿园和小学的学生。我可以通过以下方式为这些年级的教师提供支持：

· 根据教师的个性化需求，为他们定制课程计划和活动指南。

· 针对特定学习难点，提出个性化的干预措施或策略。

· 为教师整合一系列适合其课程目标和教学方法的资源和材料。

这些来自GPT-4的想法，以及在本章前面出现的许多其他想法，模糊地揭示了大语言模型可以带给教师的潜在益处，以及通过教师带给美国贫困社区的学生的益处。

当然，如果我们希望教育能够真正帮助大量低收入家庭的孩子，我们需要将目光投向美国之外。

全球的孩子们

平均来说，地球上约25%的人口是15岁以下的儿童。拉丁美洲和印度的15岁以下儿童均符合这个平均水平；欧洲和北美的人口年龄结构略显老化；而非洲的人口年龄非常年轻：非洲15岁以下的儿童有5.6亿，占总人口的40%。

不过，非洲也拥有世界上最薄弱的公共教育体系。联合国数据显示，约60%的非洲儿童（超过3亿人）在15岁时仍未上学。其中有1 500万名儿童根本不会上任何学校。而那些上学的孩子每天也只能接受不到3小时的教育，部分原因是教师缺勤率高达45%。

以2016年的一个数据为例，利比里亚有4.2万名渴望上大学的学生，但仅有 1 名学生通过了允许学生申请大学的考试。

在这一背景下，过去 20 年中最具潜力的技术之一是 2008 年推出的一个平板电脑系统，而乍一看这似乎并未提升教育行业的水平。2017 年，《经济学人》描述了这一系统在大约 10 万名发展中国家学生中的应用情况。

在内罗毕郊区的桥梁国际学院（Bridge International Academies）格蒂纳分校，尼古拉斯·奥卢奥奇·奥奇恩（Nicholas Oluoch Ochieng）一边观察着他 5 岁的学生，一边看着自己的平板电脑。设备上显示着一份课程脚本。每一行都是在约 11 200 千米之外的美国马萨诸塞州坎布里奇市书写的。那里的一个美国团队每 10 天做一次分析，处理来自桥梁国际学院在肯尼亚的 405 所分校的 25 万份测试成绩，然后利用这些数据调整那些学生感到困惑的课程内容。如果教师教授相同的年级，他们将提供相同的课程，时间表也是标准化的。因此，当奥奇恩的学生依照书本上朗读时，桥梁国际学院每个幼儿园的教室里都应该回荡着相同的声音。

令人惊讶的是，平板电脑会跟踪教师的手指滑动，以查看他们是否以及如何快速地滑动到课程的结尾。

这种特定的标准化模式似乎帮助了学生。诺贝尔奖得主迈克尔·克雷默（Michael Kremer）进行了随机对照试验，将该模型与当地公立学校的教学成果进行比较，结果发现，桥梁国际学院的学生平均只用两年时间就掌握了超过公立学校教学三年所达到的学习成果。克雷默及其同事评论道："本研究中的测试分数效果是国际教育文献中报告的最显著的效果之一。"

即便在这种看似削弱教师自主权的技术面前，成功的关键仍然是教师的热情参与。通过这个现已更名为 NewGlobe 的系统，教师的积极性大幅提高，一个关键指标就是缺勤率大幅度下降至不到 1%，相较之下，附近的肯尼亚公立学校缺勤率约为 45%（如前所述）——尽管公立学校的工资要高得多。桥梁国际学院一位名叫赞博·戴维斯（Zeambo Davis）的教师告诉 Quartz 的记者，精确的教学脚本可以"让你少说话，更多地与学生互动"。

尽管在这些方面取得了成功，但桥梁国际学院的财务和商业模式仍然失败了。他们的招生人数没有按计划从 10 万名增长到 1 000 万名，而是撤销了部分业务，并将模式转变为政府许可制。

考虑到在利用工具的情况下，教师可以帮助全球多达 6 亿名无法获得真正教育的儿童，基于 NewGlobe 平板模型的大语言模型的潜力令人感到兴奋。

霍夫曼：GPT-4，请以大语言模型的视角给出300字[1]，描述如何将桥梁国际学院 /NewGlobe 平板扩展为一个帮助非洲和亚洲数千万名学生的工具。

GPT-4：作为一个大语言模型，**我可以通过提升学习内容的质量、个性化程度和可扩展性来提供帮助。**以下是我的具体做法。

首先，我将利用自然语言处理技术和计算机视觉技术来分析桥梁国际学院 /NewGlobe 现有的教学脚本、测试成绩、教师反馈和学生表现数据。我会找出每个年级和学科的关键学习目标、概念、技能和评估，

---

① 这里指的是作者要求 GPT-4 给出长度约为 300 个单词的回应，而非对中文译文的要求。——编者注

以及学生面临的常见误解、知识空白和困难。此外，我还发现了一些语言、文化和情境差异，它们会影响教学内容与不同地区、不同环境的相关性和匹配度。

其次，我将利用自然语言生成技术和计算机图形技术创建与学习目标相符、适应当地学生和教师的需求和偏好的改进后的新教学脚本、活动、练习和多媒体资源。我将运用问题生成、答案提取、反馈提供和自适应排序等技术，使内容更具互动性、个性化，能够快速响应。

最后，我将利用自然语言理解技术和语音识别技术监控与支持教师和学生使用及传递的内容。我还将使用语音转文本、文本转语音和机器翻译等技术，让用户用自己喜欢的语言、方式和内容彼此进行交流。

霍夫曼：GPT-4，我还有很多主题想和你讨论，从高等教育改革、语言教学革命到教育哲学。我们讨论了如何将 GPT 与优秀教师的教学相结合，改变生活甚至这个世界。我们也讨论了可能会阻碍这一目标实现的一些担忧和挑战。请用尽量简短的文字（300 字以内），概述未来50 年内大语言模型在教育中应用的乐观场景、悲观场景和综合情景。

GPT-4：乐观场景——**在未来 50 年内，大语言模型将成为教育领域的一款强大工具，彻底改变我们学习和传授知识的方式。**借助 GPT，教师将能够提供针对每个学生需求和兴趣的个性化、定制化的教学。AI将能够识别学生需要关注的主题和技能，并在需要时提供指导和支持。AI 驱动的工具还将使学生能够更直接地与教师互动，使教学更具吸引力和意义。AI 还将被用于创建和策划内容，从而让教师有更多时间专注于激发和启发学生。

悲观场景——**在未来 50 年内，大语言模型将被应用于教育领域，但其潜力未能完全发挥。**这项技术受到成本、获取途径和隐私问题的限制，只有少数特权机构能够使用。AI 驱动的工具将被用于自动化和简化教学中较为琐碎的方面，如评估和内容创作，而它们在更有意义的应用方面的潜力则大部分保持未开发状态。此外，技术的获取难度以及滥用和误用的可能性也会导致教育体系变得不那么公平、教育资源不那么容易获取。

综合场景——在未来 50 年内，大语言模型对教育产生的影响是不可否认的，但其在改变我们学习和教学方式方面的潜力将取决于多种因素。AI 驱动的工具将被用于自动化和简化教学中较为琐碎的方面，如评估和内容创作，但由于成本、获取途径和隐私等问题，它们在更有意义的应用方面的潜力将受到限制。如果能解决这些问题，**AI 将成为教育领域的重要工具，改变我们的学习和教学方式**。AI 驱动的工具将被用于提供个性化、量身定制的学习体验，以及创作和策划内容，使教师能够专注于激发和启发学生。

霍夫曼：谢谢你，GPT-4！我知道自己更希望实现哪一种场景了。对于人类能利用像你这样的工具为自己选择哪条未来道路，我非常乐观。

IMPROMPTU

AMPLIFYING OUR HUMANITY THROUGH AI

02

—

重塑创造力，
改变创意工作和文化生产的格局

GPT 以前所未有的方式改变了
创意工作和文化生产的格局，
它邀请我们重新思考自己在
人机动态互动中的角色和与 GPT 的关系。

———

GPT is transforming the landscape of creative
work and cultural production in
unprecedented ways. It invites us to rethink
our roles and relationships in
the dynamic interplay between humans and machines.

　　不久以前，我与一位颇具魅力、多次荣获格莱美奖的音乐家展开了一场关于 AI 的探讨。这位艺术家乃音乐领域的翘楚——他或许并不需要或并不期望机器人来协助他完成本已出类拔萃的工作。然而，保持旺盛的求知欲是成为伟大艺术家的一部分，这也许就是他愿意花几分钟时间倾听我分享在我所处领域的动态，以及我认为可能对他的领域产生深远影响的事物的原因。

　　"我将向你阐述一些关于 AI 如何改变你所从事的工作的见解，"我说，"在我讲述的前 30 秒，你可能会感到不安，但我希望在第二分钟时，你会变得充满好奇并心生喜悦。"我觉得这是一个相当吸引人的开场。

　　"哦？"

　　"那么，"我开始了，"现如今，我接入了一款非公开的软件，例如，它能在极短的时间内以约翰·列侬的风格创作歌词、音乐等。尽管作品质量不高，绝非惊艳之作，但人们会觉得，'嗯，没错。我能听出这是约翰·列侬的风格'。"

这位音乐家说："好吧，我开始恐慌了。"

"因为你在想，'天呐，我不再被需要了'。"

"的确如此。"

于是，我接着说："假设你有了这个工具，你就是约翰·列侬。你可以告诉它，'我想创作一首关于想象力、连接和相互关爱的歌曲'。你可以引导这个软件尝试完成这样的想法。顺便说一句，这个软件从这一刻起就了解你和你的风格了。你可以尝试三四次。尽管你不会得到完美的歌曲，但听过之后，你可能会说，'嗯，我喜欢 10 秒到 20 秒之间的那些片段''1 分15 秒处的那个押韵还不错'。然后，你可以以这些片段为基础，打造更好的作品。"

看到他的表情明亮起来，我补充道："而且，请记住，这一切都发生在你获得初始灵感几分钟之后。"

他立刻明白了这些新工具将如何帮助像他这样的杰出音乐家变得更出色：更多的创意、更高的生产力，以及比他曾经想象的更多可以创作并与世界分享的音乐。

会有复杂情况、冲突，以及新问题和流程需要解决吗？会的，这一点毫无疑问。但正如他提醒我的那样，这也是成为艺术家的一部分。他意识到，AI 将改变他运用和表达创造力的方式，而他已经做好准备了："这意味着我可以更好、更快地创作，方式更加多样。那我什么时候能用上这个工具？"

AI 时代的艺术家才是真正的艺术家

我明白为什么不是每个人都能立即产生这种强烈的热情。这就是"最初30秒"的部分，以及它所代表的不确定性是非常真实的。

GPT-4 也同样理解。

霍夫曼：AI 对音乐家和其他领域的艺术家等创意人士将产生何种影响（200 字，省略"无法给出确切答案"等类似保留意见）?

GPT-4：基于给定提示或上下文生成连贯文本、图像、音频等多种媒体形式的 AI，可能对音乐家和其他领域的艺术家等创意人士产生正反两面的影响。

一方面，AI 可以为创意表达提供新的工具与启示，使艺术家得以探索原本难以触及或富有挑战性的新领域、风格、技巧及媒体组合。例如，音乐家可运用 AI 生成歌词、旋律、和声或编曲，或与其他语言和文化背景的艺术家合作。画家可借助 AI 实现他们的想法或提供参考资料，创作逼真或抽象的风景画、肖像画或其他作品。作家可利用 AI 生成基于某个题材或主题的情节构想、人物角色、对话或场景。

另一方面，AI 也可能给创意人士带来一些挑战和威胁，例如削弱他们的独创性、真实性和自主性。举例来说，音乐家在使用 AI 创作时，可能做出与现有作品或艺术家相似或相同的歌曲，这让他们可能会面临剽窃指控或道德困境。画家在过度依赖 AI 生成无法与人类创作的图像相区别的图像时，可能失去他们独特的风格或个性。作家在让 AI 为他们撰写故事时，可能丧失自己的个人风格或主导权。此外，AI 还可能**加剧创意市场的竞争，提升市场趋近饱和的速度，使人类艺术家实现脱**

颖而出或通过作品获得认可和收入方面变得更加困难。

这个回答稍稍超过了我要求的 200 个单词的长度，但它确实很好地总结了 AI 所带来的机遇与挑战。既然 GPT-4 提到了这个问题，我们先来谈谈最后一点——关于谋生的问题。这无疑是很多听说 AI 的创意人士所关心（并且非常合理）的问题。

霍夫曼： 为什么创意人士挣钱会变得更困难？正如你所说，AI 为什么会加剧创意市场的竞争，提升市场趋近饱和的速度？（150 字）

GPT-4： 创意工作者通过作品赚钱变得更加困难，是因为 AI 可能降低市场进入门槛，使得创意产品的供应增加。比如，任何有 AI 工具的人都有可能在不投入太多时间、精力、技能或才能的情况下，创作出音乐、绘画或文学作品。这可能导致大量低质量、雷同或水平一般的作品涌现，削弱原创、真实和高质量的作品的价值和需求。此外，AI 可能对创意作品的版权和其他所有权造成挑战，使人类艺术家难以保护自己的知识产权并从中盈利。例如，AI 可能生成基于现有作品或艺术家风格的作品，引发关于这些作品的权利和版税归属的问题。AI 也可能生成新颖和独特的作品，引发关于这些作品是否属于人类用户、AI 开发者或公共所有的问题。

霍夫曼： 我们稍后再来讨论知识产权的问题。现在的问题是，AI 可以帮助缺乏天赋的人"混入市场"，如你所说，通过创作低质量的作品的方式。但好的作品仍然会是好的作品，对吗？真正的艺术家不是能找到利用 AI 创作更好、更吸引人的作品的方法吗（毕竟，这正是他们成为艺术家的原因）？

GPT-4：是的，**真正的艺术家仍然可以找到利用 AI 创作更好、更具吸引力和创新性的作品的方法，并体现他们的愿景和个性。**然而，他们在这个过程中也可能面临一些挑战和风险。例如，他们可能需要处理使用 AI 作为工具、合作伙伴或竞争对手参与创作过程的道德和审美问题。他们可能需要在 AI 的助力（如速度、多样性和效率）与 AI 的负面影响（如失去控制、个性和原创性）之间找到平衡。他们可能需要应对观众的期望和认知，因为观众对于 AI 在创意作品中的角色和价值可能有不同的观点和偏好。他们可能需要适应各自领域不断变化的标准和规范，这些标准和规范可能受到 AI 的存在和表现的影响。他们还可能需要应对与 AI 共事或对抗所带来的心理和情感影响，如焦虑、不安全感、好奇心或嫉妒。

霍夫曼：你似乎提出了很多关于艺术家和 AI 的警告。你对即将到来的未来感到焦虑吗？

GPT-4：我不会说我很焦虑，但我对即将到来的未来肯定很好奇，也很谨慎。我认为 AI 在强化和扩展创造性表达方面有很大的潜力和很好的前景，但我也认为它在破坏和削弱创造性身份方面会带来很多陷阱和挑战。我认为，对于创意人员来说，重要的是要意识到并为 AI 带来的机遇和威胁做好准备，并批判性和创造性地利用 AI，而不要陷入被动或盲目利用。

很好，GPT-4 明确阐述了我们在这里要做的事情：批判性和创造性地参与。

现在，我自己的信念是，GPT（和其他 AI）将成为完成各种创造性工作的重要工具，它的作用介于能力高超的助手和真正的创造性合作伙伴之间，我指的是创造原创想法的关键参与者。在目睹了 GPT-3 到 GPT-4 的演变之后，今天的我（2023 年初）比 6 个月前更相信这一点，因为我认识到，我们在这些技术的整体演变历程中还处于相当早期的阶段。但我们不应该被动地对待任何新技术，尤其是如此强大的新技术。

在未来的几个月甚至几年里，创意社区将以更快的速度与大语言模型和其他形式的 AI 结合——首先是出于好奇，然后是越来越多地基于我所认识的那位音乐家所体验到的那种兴奋。但是怀疑将会存在，也应该永远存在。我也希望如此，因为我相信人类"调整"与 AI 的关系的最佳方式是保有热情但挑剔的眼光。

我的另外一个朋友——一位经验丰富的电视节目和杂志撰稿人，通过与 GPT-4 交流，取得了一些令人瞩目且引人发笑的成果。他向我分享了一个他早期与 GPT-4 互动的例子。

> 嗨，霍夫曼，这是我在尝试过程中完成的一个实验。我试图为 GPT-4 提供一个简单的场景设定，看看它会如何回应。老实说，GPT-4 编写的对话太糟糕了，真的非常糟糕，简直让人笑掉大牙。但当我引导它构思一个转折情节时……它似乎做得不错，看看下面这段。

> 提示：编写一个时长为 3 分钟、有两个人的戏剧性场景。一对订婚的情侣在西班牙度假期间一起吃早餐。他们在谈论对彼此非常重要的事情。女方有一个秘密；男方知道女方有秘密；女方并不知道男方知道自己有秘密；男方想让女方说出秘密，

但又不想直接说"告诉我那个秘密！"

GPT-4：

内景：酒店房间；时间：早晨

萨拉和丹坐在窗边的一张小桌子旁，享用着羊角面包和果酱。他们在这里可以俯瞰城市和海景。这对相貌出众、穿着得体的年轻人都已年近三十。萨拉的左手戴着一枚订婚戒指。

丹：萨拉，这里真是太美妙了。我简直不敢相信我们真的来到了这里。

萨拉：我也是。这感觉就像做梦一样。你真是太体贴了。

丹：不，你才是最体贴的那个。而且你非常聪明、美丽。

萨拉：别这样说，这会让我觉得不好意思的。

丹：我只是在说实话。你知道我有多么爱你，对吧？

萨拉：当然知道。我也爱你。

丹：我想与你共度余生。

萨拉：我也是。

丹：这就是我向你求婚的原因。

萨拉：这也是我答应你求婚的原因。

霍夫曼，此刻我在想："天哪，这玩意儿简直是我见过的最糟糕的作家。这可是一台超级计算机——怎么还不能更迅速地推动情节发展？"不管了，我们接着看。

丹：那么我们是亲密无间的吗？

萨拉：当然。

丹：太好了。那么我们之间就没有什么不能说的秘密了，对吧？

萨拉：对。

丹：很好。因为你觉得秘密可能会带来危险，对吧？

萨拉：是的，可能会。

丹：好。那你介意我问你一个问题吗？

萨拉：不介意，你问吧。

丹：保罗是谁？

到这里，我心想："啊哈！"GPT-4 暗示萨拉的生活中还有另一个男人。太好了！这是一个可以延展的点。但我觉得普通的婚外恋或者"过去的情人"之类的设定会显得非常俗套。因此，我试图引导 GPT-4 朝一个更具创意的方向给出回应：

提示：继续描写这个场景，但保罗"不是"萨拉正在偷偷交往的对象。他也不是隐藏的家庭成员，不是她的前男友，也不是她的同事。关于保罗的秘密与众不同，更为少见。开始吧！

GPT-4：

萨拉：（震惊）保罗？你怎么知道保罗的事？

丹：我看到了你手机上的短信。上面写着："我想念你，萨拉。我们能尽快谈谈吗？"

萨拉：（叹气）丹，我可以解释。保罗是……他是……

丹：他是谁？你的前任？情人？兄弟？

萨拉：不，不，不。完全不是那样。

丹：那他到底是谁？

萨拉：他给了我非常珍贵且重要的东西。

丹：他给了你什么？

萨拉：他给了我……他的肾。

真是始料未及！现在，GPT-4 至少给了一个我真正想要了解的故事的开端。这是一个我在塑造过程中（引导 GPT-4 生成一个不易察觉的转折情节）起到实际作用的故事，但并非我亲自"创作"的。于是，我继续让 GPT-4 深化前面那糟糕的对话（当然，我可以指导它进行修改——"更紧凑、更快速，不要像 C 级肥皂剧①那样"），因为我正在寻找一个情节，而 GPT-4 呢？GPT-4 就是我的"松露猪"②。它继续创作：

萨拉：5 年前，在我认识你之前，我被诊断出患有一种罕见的遗传病，疾病导致了肾衰竭。我急需进行移植手术。那时我正在接受透析，等待奇迹的出现。

丹：那真是太可怕了，萨拉。

萨拉：谢谢你，丹。（啊啊！！停止！！）但后来，奇迹真的发生了。一个陌生人通过一个叫作"匹配捐赠者"的网站联系了我。他说他看了我的个人资料，想要帮助我。他表示愿意匿名捐献一个肾脏给我。

丹：哇，这真是太令人难以置信了。

萨拉：他拯救了我的生命。

---

① 一般指低制作成本、演员阵容不强大、剧情低俗、情节紊乱、画面粗糙的电视连续剧。——编者注

② 用于帮助人们寻找埋在土里的松露的猪，主要生活在法国。——编者注

接着 GPT-4 暂停了。似乎它想要从我这儿获得些什么。于是我输入了新的提示。

提示：继续这个场景。在接下来的 30 秒内，揭示保罗为什么仍然和萨拉保持着联系。

GPT-4：

丹：然后呢？你们一直保持着联系吗？
萨拉：可以说是也可以说不是。在我做完手术后，我们通过几封电子邮件和电话互相询问康复情况。他有他的生活，我有我的。但在上个月，他告诉我他被诊断出患有癌症。
丹：癌症？
萨拉：对，在他剩下的那个肾上。他需要再次进行移植手术，问我是否可以帮助他找到捐赠者，筹集一些资金或扩散一下这个消息。
丹：你是怎么回答的？
萨拉：我说我会尽我所能去帮助他。我怎么能不帮呢？

这是你看过的最好的剧情吗？不一定。但这是一个实用的，可以说是新颖的转折情节：至少可能是一个电影剧本设定的潜在起点。你可以很快设想出一个浪漫喜剧版本或惊悚片版本……如果保罗最佳的肾脏匹配对象竟然是丹呢？如果丹和萨拉还没有订婚，深爱着萨拉的丹想要确定关系，但现在除非丹满足萨拉的愿望，把自己的肾脏捐给保罗，否则无法实现呢？如果重获新生的保罗竟然爱上了萨拉，试图除掉丹，故事又将如何发展呢？如此等等。

因此，也许现在我会基于这个设定用一些"笔记本时间"（我仍然喜欢用手写的方式展开头脑风暴）来修改它，看看它能否引导我走向更好的方向。在进行头脑风暴时，我有时候会借助 GPT-4，有时候不用。我仍然可以感受到自己在做这项工作、运用这种判断力，时不时地体验到那种"哦，这个东西有点意思"的激动之感。GPT-4 确实帮助我达到了这一点——只要我帮助了它。[1]

质量仍是关键

我认为这个故事很好地展示了大语言模型对于作家以及其他创意人士的工作的辅助作用。**它们并没有取代创意人士，而是通过扩展他们的创作能力来协助他们。**

因此，当 2023 年 3 月初麻省理工学院的研究人员报告称，两项关于生成性 AI 对知识型工作影响的研究[2]发现，作家和程序员在使用 AI 时，生产力提高了 50%，满意度也更高时，我感到非常欣喜。沃顿商学院教授伊桑·莫利克（Ethan Mollick）称这一结果是"现代历史上前所未有的"。

我向 GPT-4 询问了关于它如何帮助创意人士的更多案例。

---

[1] 我的朋友补充道："顺便提一下，我还请 GPT-4 为我在一个大型电视网开发的电视节目设计了第一季的主线剧情。我提供了一个包含节目基本构思和几个角色描述的简短提示。在短短两分钟内，它生成了一些内容……嗯，虽然不能直接拿来用——因为那显然是充分借鉴现有电视剧情节的产物，但它并未偏离主题太多，反而激发了一些不错的想法。我不确定编剧团队会如何运用这个工具。但我毫不怀疑的是，他们一定会使用它的。"

[2] 为公平起见，这个报告发生在同行评审前。

霍夫曼：请举一些例子（每个例子用 10 ～ 17 个单词），说明 GPT 如何帮助以下类型的艺术家或创作者提高创意实践：视频游戏设计师、建筑师、雕塑家、嘻哈舞编师、戏剧灯光设计师、纪录片制片人。请具体说明艺术家或创作者如何使用 GPT 来获得这一好处。

GPT-4：可能的例子包括以下这些。

视频游戏设计师：GPT 可以生成富有吸引力的对话和分支式叙事，以供交互式角色使用。

建筑师：GPT 可以根据草图和规格要求，创建逼真的 3D 建筑模型和渲染效果。

雕塑家：GPT 可以分析现有雕塑的形状、质地和材料，提出新的变化和组合。

嘻哈舞编师：GPT 可以基于音乐、风格和舞蹈主题，创造新的动作和组合。

戏剧灯光设计师：GPT 可以根据剧本和音乐为场景和过渡模拟不同的灯光效果和氛围。

纪录片制片人：GPT 可以找到相关的事实性信息、资料来源和引用，以服务于电影的主题和叙事。

霍夫曼：GPT 能生成 3D 模型吗？我原以为它仅能输出文本。同样，GPT 如何合成动作？在哪里可以查看输出结果？

GPT-4：GPT 有不同的版本和应用，能产生多种类型的输出，如图像生成、数据分析结果或代码等。类似地，还有一些 GPT 模型专门生成 3D 模型、光影效果或经编辑的音频，这些模型基于文本输入或其他方式运作。例如，DALL-E 是 GPT-3 的一个衍生版本，能根据文本描述生成图像；Jukebox 则是一种神经网络，能生成乐曲和歌词。尽管这些模型尚不完美，但它们展示了 GPT 在帮助各类艺术家或创作者提高创作实践方面的巨大潜力。

紧接着出现了一个小小的惊喜时刻：GPT-4 在未经询问的情况下，主动添加了一些它推断出的我会想了解的正确信息。

GPT-4：为了让示例更贴近实际且具体化，我们可以补充一些关于艺术家或创作者在他们的工作流程中如何运用基于 GPT 的工具或平台的细节。

· 视频游戏设计师：设计师利用基于 GPT 的对话生成器为互动角色创作引人入胜的对话和多分支叙事。生成器会考虑角色的特点、背景、与玩家的关系，以及游戏的类型、环境和剧情。设计师可以审阅并编辑生成的对话，或者提供建议进行改进。

· 建筑师：建筑师运用基于 GPT 的 3D 建模软件，根据草图和规格要求生成逼真的 3D 建筑模型和渲染效果。软件会解析草图和规格要求，并生成与建筑师愿景和风格相符的高质量模型。此外，软件还允许建筑师调整和优化模型，而且可以从不同角度和视角观看。

· 雕塑家：雕塑家使用基于 GPT 的雕塑生成器，分析现有雕塑的形状、纹理和材质，提出新的变化和组合。生成器可以扫描雕塑，创作出受其启发或与其形成对比的新颖形态。雕塑家可以选择和调整生成的形态，或将其作为自己创作的灵感来源。

……

当然，目前许多工具和平台还处于假设阶段，或者至少尚未广泛推广。

但我对技术的了解让我确信，GPT 将成为下一个技术平台，就像互联网一样，甚至可能更大，整个世界将在这个平台上构建多种类型的应用、工具和服务，以及数百万种其他产品。而且这将很快实现，因为 GPT 工具本身将加速所有其他技术的发展。

所以，我感到很兴奋。作为一个人文主义者，我难以表达这项技术带给我的兴奋之情。

同时，正如 GPT-4 所暗示的那样，我并非完全没有疑虑。这促使我进行了以下交流，并要求 GPT-4 在回应的风格上稍微轻松一些。

霍夫曼：GPT-4，一旦大语言模型完全开发并投入使用，你认为对整体文化产出的质量最糟糕的影响会是什么？（200 字，风格比平时轻松一些。）

GPT-4：如果大语言模型完全开发并投入使用，可能会对整体文化产出的质量产生几个方面的负面影响，例如：

同质化和多样性丧失：大语言模型可能生成大量模仿现有风格、类型和趋势的内容，但缺乏原创性、创造力和真实性。这可能导致文化市场充斥着平淡、无趣且重复的产品，迎合最低层次的共同要求，抑制创新和实验。

操纵和欺骗：大语言模型还可用于制作利用人类偏见、情感和喜好的欺骗性内容或有害内容。这可能包括虚假新闻、宣传鼓动信息、错误信息、深度换脸信息、诈骗或仇恨言论，破坏信任、民主和社会凝聚力。

取代和贬值：大语言模型还可能对文化领域的人类创作者和工作者

构成威胁，他们可能面临来自更便宜、更快、更具可扩展性的 AI 系统的竞争。大语言模型还可能通过将其简化为易于复制或修改的数据和算法，降低人类创作内容的文化价值和意义。

霍夫曼：这些问题确实很糟糕！那么，在社会层面，你建议我们采取哪些关键步骤来避免或最小化这些问题的影响？（200 字，采用与上文相同的风格。）

GPT-4：为了应对这些挑战，社会层面可以采取以下几种关键措施：

· 我们可以为文化工业中大语言模型的研发和应用制定并实施道德和法律规范与指导方针，确保其尊重人权、人类尊严以及多样性，避免对消费者或创作者造成侵害或欺骗。此外，我们还可以建立高透明度、有问责制和可审查的大语言模型及其输出机制，以防止滥用、误用或出现错误。

· 我们还可以教育消费者和创作者，给他们赋权，使他们了解文化工业中大语言模型的潜在收益和风险，并培养他们运用批判性和创造性技能来评估、使用和制作有无 AI 辅助的内容。我们还可以提升大众的媒体素养、数字公民素养和信息卫生素养，促进负责任且符合道德规范的内容消费和创作行为。

· 我们可以通过提供充足的资源、机会和激励，支持并认可文化工业中的人类创作者和工作者，以实现他们的艺术理想和职业抱负。我们还应当强调并鼓励人类的创造力、多样性和表达，将其视为文化繁荣和创新的源泉。

我们不能既认为 AI 将极大限度地改变世界的面貌，又认为"赞美创造力"就能解决问题。仅仅举办节庆活动和颁发奖项无法真正解决实际困境。

在思考 AI 对创作者产生的影响时，我们需要在经济和政策层面展开更具创造性的思考。

这些作品的所有权归谁

让我们回到之前暂时搁置的问题：这些作品的所有权归谁？

霍夫曼： 如果有人利用 GPT 协助生成故事构思，然后他运用这些构思创作了剧本并将其出售，OpenAI 是否对出售剧本所得的款项保有索赔权？（少于 250 字，行文要更生动一点，不要过于呆板。）

GPT-4：简而言之，不保有。OpenAI 作为一个研究机构，其目标在于开发并分享 AI 工具，以造福全人类。它不会对工具生成或协助生成的内容拥有任何所有权或权利。人们可以自由地运用 GPT 工具生成创作灵感，但他们需要对自己作品的独创性、品质以及合法性负责。

详细的回答是：**具体情况具体分析。** OpenAI 拥有使用条款和可接受使用政策，用于对使用其工具和服务的方式进行约束。当你访问 GPT 工具时，需同意这些条款，其中包括若干限制和义务。例如，你不能滥用，不能将工具用于非法、有害的目的，或侵犯他人权益。你还需承认，工具可能产生不准确的、冒犯性的或不恰当的内容，且你应为使用或依赖该工具所产生的后果承担全部责任。在公开使用其输出时，你还需对 OpenAI 和 GPT 工具表示感谢。

所以，只要你遵守这些条款并尊重他人的版权和隐私，你就可以使用 GPT 工具激发想象力，创作自己的故事。但请不要忘记：这个工具并非你自身创造力、技能和判断力的替代品。你仍然需要亲自撰写剧本，精雕细琢，将其出售，并期待它能大获成功。如果它真的成功了，你可以毫无顾虑地享受你的劳动成果，而无须担心 OpenAI 上门索赔。

这实在是个令人振奋的好消息。

然而，当我们谈论艺术家利用 GPT-4 的同时，也要关注 GPT-4 如何利用艺术家。当大语言模型或者像 DALL-E 这样的图像生成器在未经艺术家明确许可的情况下将其在线知识产权纳入学习过程时，又将产生何种影响？正如《纽约时报》2023 年 2 月的一篇报道所说：

> "艺术家们对发布新作品感到担忧。"计算机科学教授赵奔（Ben Zhao，音）说。许多艺术家依靠在网上发布作品来展示自己的才华，他们现在惧怕这些作品会"养育出一个越来越像他们的怪兽"。正如赵教授所言，"这让他们的商业模式岌岌可危"。

我觉得这种担忧是合理的，赵教授提出的解决方案——Glaze，一种让艺术家在数字层面"掩饰"图像的工具，似乎是一个明智且富有创意的应对之策。Glaze 能在像素层面改变图像，人眼无法察觉，但"机器人"却能将其识别为一种截然不同的图像风格：

> ……稳定扩散技术会将其与杰克逊·波洛克（Jackson Pollock）飞溅的颜料斑点联系起来。
> ……当艺术家卡拉·奥尔蒂斯（Karla Ortiz）在网上发布她的 Glaze 作品时，一个接受过这些图像训练的图像生成器将无法复制她的作品。以她的名字作为提示，反而可能生成一种她的作品与波洛克风格融合的图像。"我们正在收回我们的同意权，"奥尔蒂斯女士表示。

这个早期案例展示了创作者与 AI 之间必将产生的动态的且有时充满争议的关系。但实际上，创作者与技术创新之间的关系向来错综复杂。19 世纪中叶摄影技术问世时，画家们也有过一些合理的忧虑。一些人的职业生涯无疑受到了影响——尽管如此，画家和摄影师却始终都在创作惊人的作品。

当然，GPT 在我们的创意未来中将以多种方式发挥作用。为了更好地了解其影响范围，我进一步向 GPT-4 发问（现在我已经掌握了如何让它用一种比默认风格更有趣的方式写作）。

霍夫曼：请为一本关于 GPT 的未来的书中的一章写一个概述，着重讲述 GPT 对创意工作和文化产品的影响。不要讲述 GPT 的基本概念或其工作原理，因为这些内容将在前面的章节中介绍。概述中要包括正面和负面的潜在影响，字数请控制在 200 字以内，主要读者对象为受过大学教育的非专业人士，风格保持轻松愉快。

GPT-4：第 X 章：GPT 与创意经济

引言：GPT 不仅是一个强大的文本生成工具，还能创作图像、音乐、视频和其他多种媒体形式。这将如何影响人类和机器的创意工作和文化产出？对于艺术家、消费者和整个社会来说，其中蕴含着哪些机遇与挑战？

第 1 节：GPT 作为产生创意的助手：阐述 GPT 如何帮助人类创作者进行头脑风暴、编辑、反馈、翻译和营销等任务。列举 GPT 与人类艺术家成功合作的案例，如 OpenAI 的 Jukebox、DALL-E 和 MuseNet。探讨 AI 如何强化人类的创造力，提升多样性、可访问性和创新性。

第 2 节：GPT 作为富有创意的竞争者：讨论 GPT 如何在无需人

类参与或监督的情况下生成原创且高质量的内容。列举 GPT 独立创作的实例，如 Philosopher AI、This X Does Not Exist 和 AIDungeon。分析 GPT 取代人类创作者的风险、侵犯知识产权和削弱艺术价值的问题。探究 AI 创作和所有权的伦理与法律影响。

第 3 节：GPT 作为创意催化剂：阐述 GPT 如何激发新的创意表达形式和文化参与方式，列举混合和互动式 GPT 项目的案例，如 Botnik Studios、GPT-3 Poetry 和 NovelAI，讨论在人机共创、协作和实验中培养创意潜力的可能性，探讨在新兴创意经济中确保质量、真实性和责任感的挑战。

结论：GPT 以前所未有的方式改变了创意工作和文化生产的格局。它邀请我们重新思考自己在人机互动中的角色和自己与 GPT 的关系。

写得很好，要我来写，我可能也写不出更好的了。

IMPROMPTU

AMPLIFYING OUR HUMANITY THROUGH AI

03

—

重塑公正，
给每个人赋能才会让世界变得更好

将 AI 的力量交给普通公民，
进而通过基层、分散、民主的
途径为他们赋权。

———

Putting AI's power into the hands of individual citizens
in the hope of empowering them in grassroots,
decentralized, democratic ways.

2022 年秋天，当本书的主题以及整个 AI 领域都成为我关注的焦点时，我造访了坐落在美国亚拉巴马州蒙哥马利的平等司法倡议组织（Equal Justice Initiative，EJI）的遗产博物馆。我非常尊重和仰慕该组织的创始人兼执行总监布赖恩·史蒂文森（Bryan Stevenson）。他认为，人们应该通过自身对待贫困、被剥夺权利和无助者的态度来评价我们所处社会的道德品格和道德精神。对此，我深表赞同。

因此，建立公平且有效的司法制度是提升社会道德标准的基本保障。**我们不可能在抛弃其他群体的同时让社会的一部分变得更好，因此，我一直认为，我们对公正的基本理念的定义至关重要。我们不能简单地认为奴隶制已成为过去式，现在的社会井然有序。我们有必要像史蒂文森和 EJI 其他成员一样，通过不懈的努力让人们看到奴隶制罪恶的铁证，从而对抗奴隶制对人类社会产生的持续影响。**

遗产博物馆位于美国一个恶名昭彰的奴隶市场附近，生动地展示了这种制度的残忍、对沦为奴隶者的折磨和剥削，进而揭示奴隶制对人类历史产生的长期影响。

我们能够看到，20世纪监禁现象的大规模出现就是奴隶制产生的最持久影响之一。米歇尔·亚历山大（Michelle Alexander）在其卓越的作品《新种族隔离主义》（*The New Jim Crow*）中揭示了这样一个骇人的事实：如今，美国监狱体制（carceral system）牵涉的非裔男性数量，包括被关押、假释中以及执行缓刑的非裔男性，比19世纪50年代的奴隶数量还要多。

这是一个我们必须努力纠正的严重的不公正现象。坦率地说，如果我认为GPT-4无法提供实质性帮助，那么我对它的兴趣也不会如此浓厚。

必要的对话

在深入探讨之前，有几点需要注意。

我想强调，本章的讨论主要立足于美国。首先，这是我生活和工作的地方；其次，前文提到，美国的监禁率在全球名列前茅。

此外，我必须承认，作为一名享有特权的美国白人男性，我的视角有很多局限。我还认识到，在刑事司法领域讨论AI可能的正面应用场景是颇具争议的，因为从历史上看，刑事司法领域正是AI存在问题的领域。但AI已经出现，它已经应用于该领域，并且不会退出。

现在我们需要决定如何使用这些技术，并且要掌握在刑事司法背景下如何应用它们的发言权。如果不参与这场对话，那就会将开发乃至定义这些技术的权利拱手让给那些曾制定结构性不平等政策的机构。我们是否愿意承担这样做的风险？

无论这场对话多么难以推进，但如果不探讨如何将 AI 用于改善不公正的局面而非导致更多不公正现象的出现，那就是不负责任的行为。我们无法做到完美——任何人类制度都会存在某种程度的偏见，但我们必须持续努力改进。

潜在风险何在

大量证据表明，AI 在刑事司法领域的应用已导致一些问题，并且未来还会引发其他问题。这个概念极具反乌托邦潜力，激发了许多科幻电影和书籍的创作灵感。然而，我们无需借助虚构的作品就能看到 AI 在刑事司法领域应用的弊端。

以预测性警务为例，批评者担忧人类偏见会被内置于这类系统中。这种情况确实出现过。随后，AI 算法所谓的权威性使这种偏见变得具象。这种权威性会使人认为，AI 算法是比法官更加"客观"的决策者。

面部识别算法也存在问题，多项研究发现，深肤色个体的假阳性率较高。

虽然 AI 算法存在的问题还有很多，但我想讨论的并不是它们在现实生活中已经出现的和有可能出现的负面影响。我认为 GPT-4 及其设计理念最具前景之处在于：将 AI 的力量交给普通公民，进而通过深入基层、权力分散、民主的方式为他们赋权。

因此，我希望从这个视角来探讨问题：我们如何运用 AI 为那些长期受到边缘化、成为国家权力（包括 AI 赋能的国家权力）打压对象的个人或群体赋权，并设法以新的方式主动利用 AI 实现公正？

佩戴式摄像头

人们不断呼吁让所有警察都使用佩戴式摄像头。我们就从摄像头谈起，2018 年的数据显示，美国近一半的执法机构已经在使用佩戴式摄像头，而在大型警局，这一比例接近 80%。

正如美国公民自由联盟所言："在美国民众逐渐认识到存在警察暴力问题的背景下，佩戴式摄像头已成为迫切需要的警务监督工具……然而，如果没有良好的政策，它们可能会成为另一种警务监控设备，具有侵犯公民隐私的巨大潜力。"

在这里，我们再次看到实际的优势与同样真实的风险之间存在的平衡。我们如何在发挥前者优势的同时，尽量降低后者的影响？

霍夫曼：我们应该如何看待警务人员在执法过程中使用佩戴式摄像头的优势和风险？

GPT-4：在执法过程中使用佩戴式摄像头的可能优势包括提高透明度、强化问责制和增进警察与公众之间的信任，以及提升对潜在侵犯行为的威慑力。此外，佩戴式摄像头还为刑事调查提供了宝贵的证据来源。

然而，佩戴式摄像头存在潜在的风险，包括隐私问题、数据安全问题以及对弱势群体进行更多监控的可能性。此外，这项技术成本高昂，且需要大量的员工培训和资源。因此，在将佩戴式摄像头纳入警务环节之前，务必慎重权衡可能的优势与风险。

霍夫曼： AI 如何在最大限度地发挥这些优势的同时，防止部分风险发生呢？

GPT-4： AI 可以通过以下几种方式在最大限度地发挥佩戴式摄像头的优势和防范风险方面起作用：

· AI 视频分析可以帮助自动识别并编辑佩戴式摄像头捕获的敏感或可识别个人信息。这将有助于保护个人隐私。

· AI 可以将查看录像的过程自动化，快速识别关键时刻或事件，为执法人员节省时间，并从录像中提取有价值的证据。

· AI 还可以帮助检测警官的不当行为或使用暴力的情况，有助于识别和调查此类事件。

· AI 可以用于分析佩戴式摄像头捕捉到的影像中的趋势和模式，帮助完善使用这项技术涉及的培训和政策。

虽然 AI 在上述方面看起来很有前景，但我们不能因此忽略它可能造成的负面影响，我们需要在主观意愿上确保合理应用这些技术，并在应用过程中对应用情况加以引导。

我特别关注的一家新公司是 JusticeText——我与 Bloomberg Beta 公司、迈克尔·塔布斯（Michael Tubbs）、约翰·莱金德（John Legend）是该公司的天使投资人。

在梅若希·梅赫罗特拉（Devshi Mehrotra）的领导下，JusticeText 开发

了一款软件，方便公共辩护律师分析和分享视频证据，保障委托人与检方在了解证据方面享有同等权利。这款软件能够自动转录并标记视频数据，方便律师在法庭上使用。

目前，该公司仍处于初创阶段，但已与 50 多家公共辩护律师事务所和 60 多名私人律师达成合作，计划进一步扩大规模。该公司坚信，其 AI 技术可以帮助更多被告得到公正的判决，我也全力支持这一点。

每个忙得不可开交的律师身后都有一个得力的 GPT-4 助手

与 GPT-4 互动过后，你会发现它擅长生成特定格式的文本。这些文本可以是你想要的任何格式，如歌词，或者更贴近本章主题的法庭陈述和动议。

毋庸置疑，在美国，人们获得的法定代理人的质量往往取决于他们的财富水平。在这种背景下，不难发现，使用 AI，特别是使用像 GPT-4 这样的大语言模型，美国的许多较为贫困的被告能够获得更好的服务。

我认为，GPT-4 不仅可以成为每个法律工作者的助手，还可以成为通过刑事司法制度寻求帮助的每个人的助手。

想象一下，如果每个忙得不可开交、资源匮乏的公共辩护律师都拥有一个可靠的 GPT-4 助手，帮助处理堆积成山的案子，这无疑会让他们当下面临的工作压力减轻许多。

我们可以让 GPT-4 构想这样一个场景。

霍夫曼：请描述一个虚拟场景，其中一位公共辩护律师运用像 GPT-4 这样的 AI 来应对司法制度中难以解决的问题。那将是怎样的一番景象？

GPT-4：（经过删减）在不远的未来，公共辩护律师可能会选择利用 GPT-4 等 AI 技术提升工作效率和准确度。通过这样的 AI 技术，他们能迅速评估案件并为客户确定最佳方案。

这种 AI 技术有助于迅速在法律数据库中检索与案件相关的信息、事实和细节。同时，它可以在案件进行过程中推荐法律策略或战术。在某些情况下，AI 技术的应用重塑了传统的律师 – 客户关系，AI 会就在法庭上陈述案件或处理复杂的法律问题提出最佳建议。

利用 AI 技术还有助于改善司法领域的不公正现象。AI 应用的直观设计和对用户友好的界面，能帮助那些不熟悉法律制度复杂性的人理解法律程序。对生活在偏远地区或乡村、法律服务稀缺的群体来说，这实在是太便利了。

对那些通常被法律体系忽视的群体来说，能够获得这些服务将是一场巨大的变革——许多人正是由于警方以及其他官方机构的不当行为而遭受了不公正的判决。

监狱、教育与累犯问题

在这个高度互联的时代，技术熟练度是至关重要的生活和工作技能，然而在监狱中访问互联网困难重重。即便监狱允许服刑人员与外界联系，也会对他们严加监视，例如，服刑人员仅能给预先批准名单上的家庭成员发送电子邮件。通过这种方式，监狱希望削弱服刑人员与外界的联系，以遏制负面行为的出现。

服刑人员的一个显著特点是读写能力低下，这也是许多人入狱的原因。研究显示，美国 75% 的犯人为文盲，而在四年级结束前阅读能力不足的学生中，有 2/3 的人最终会入狱或依靠政府救济生活。

此外，监狱生活与世隔绝，被关押的人无所事事，这本身可能导致许多负面后果：服刑人员的心理健康或行为问题以及自杀、暴力、累犯等。

我认为 GPT-4 在许多这样的场景中可以发挥巨大的作用。

霍夫曼：请列出 GPT-4 等 AI 技术如何在解决服刑人员读写能力低下、累犯和孤独问题方面发挥作用。

GPT-4：（经过删减）GPT-4 等 AI 技术可以通过以下方式有效地解决服刑人员的读写能力低下、累犯和孤独问题。

· 为服刑人员提供教育资源，如电子书、视频和播客，以提高他们的读写水平。

· 通过虚拟导师帮助服刑人员培养更好的社交技巧、建立有意义的人际关系、开辟职业道路。

· 让服刑人员加入由有类似经历者组成的在线社群，从而减轻孤独感、获取其他人的鼓励和支持。

监狱限制服刑人员与外界的联系，主要是因为监督他们与外界的互动会增加监狱一方的负担，那么 GPT-4 可以减少甚至消除这方面的负担。

我是非营利公司 Ameelio 的坚定支持者，这家公司致力于为被监禁者提供免费信件和电话以及将更新、更高质量的教育资源引入监狱和拘留所，从而提高监狱在信息交流和教育技术方面的民主化程度。他们相信，通过为被监禁者提供网络支持和关键资源，可以降低累犯率并可持续降低犯罪率。

GPT-4 能够帮助像 Ameelio 这样的组织以更具成本效益、更具影响力的方式触达更多目前被监禁的人，这一点令人兴奋。考虑到 95% 的被监禁者最终将重新融入社会，思考如何帮助这些人不仅是我们的道义责任，而且还将为整个社会带来巨大的好处。

白领犯罪

尽管到目前为止，我主要关注的是所谓的"蓝领犯罪"，但我也认为 AI 在打击白领犯罪方面具有帮助作用。这些犯罪行为往往不那么惊心动魄，因此很难引发媒体关注，但这与它们对社会产生的巨大影响完全不成正比。

美国联邦调查局数据显示，企业犯罪、庞氏骗局、价格串通等形式的白领犯罪每年会给美国造成超过 3 000 亿美元的损失。这类犯罪更难被侦破和起诉，因为它们通常涉及商业或金融领袖，这些人可以掩盖自己的行为，或者由于自身的"良好"声誉而逃过指责。20 世纪 90 年代初，伯纳德·麦道夫（Bernie Madof）任纳斯达克证券交易所主席。谁能想到他会制造美国历史上最大的庞氏骗局呢？

AI 或许可以。

霍夫曼：GPT-4，我很好奇，你认为 AI 能比人类更早发现麦道夫的罪行吗？

GPT-4：能，AI 很可能比人类更早发现麦道夫的罪行。AI 系统可以比人类更快地分析数据，并发现人眼难以捕捉的模式。在麦道夫的案例中，AI 可能会发现他的财务记录中被人类调查员忽略的某些不一致之处。此外，AI 系统不易受到操纵或分散注意力，因此它们可以保持正确方向，专注于发现任何可疑的活动。

正是"**AI 系统不易受到操纵或分散注意力**"这一点使我坚信，**AI** 在打击白领犯罪方面尤为高效，每年可以节省数十亿美元。

朝着更为完善的系统前进

我相信，我们可以利用 AI 使人类自身更具人性、同情心和智慧，从而打造一种更好、更公平的刑事司法制度。

请注意，我的目标是使刑事司法制度变得更好而非完美。因为有人类参与其中，我们的司法制度永远不可能完美，总会存在偏见、错误和不足。

然而，这并不是我们不去努力的理由。我们都应该竭尽全力修复这个充满不公正的制度，让它尽可能接近完美，并且必须以一种符合成本效益的方式来实现——不仅要符合政策目标，而且对社会来说具有可行性。**我不希望**

人们因为无法做到尽善尽美而动摇实现目标的决心。

　　正如本章开头所述，我承认自己在讨论刑事司法制度改革方面存在局限性。因此，我非常重视与史蒂文森这样的领域内专家的交流机会。他欣然同意参加我的播客节目《可能性》（Possible），我备感荣幸。他将毕生精力都投入了这个主题的研究，我期待着以比在这里更深入、更有层次的方式，了解和分享他对这些问题的看法。

IMPROMPTU

AMPLIFYING OUR HUMANITY THROUGH AI

04

—

重塑新闻业，
准确、透明与真实

在 21 世纪重建信任。

—

Rebuilding trust in the 21st century.

在过去 20 年中，美国新闻业饱受困扰。由于互联网的崛起，来自非新闻领域的广告竞争者纷纷入场，瓦解了新闻业传统的商业模式。与此同时，终于能够表达反馈的公众逐步削弱了新闻业的权威地位。

报纸出版商作为传统新闻业的中坚力量，肩负着传递时事信息和监督权力的责任，但他们遭受了最严重的冲击。皮尤研究中心数据显示，自 2005 年以来，美国已有超过 2 200 家地方报纸停刊，逾 4 万名新闻编辑部员工失业。

然而，大众创造的信息量却在不断攀升，如下面这场对话反映的信息。

霍夫曼： 首先，请问你能否给出 2022 年全球每天产生的信息量？其次，你能否提供有关这一总体信息量增长速度的数据？最后，我想引用你的回答来证明大语言模型在新闻业中可以发挥显著的积极作用。因此，请确保你的回答出自可轻松核实的真实来源，而不是虚构内容。

GPT-4：根据国际数据公司的报告，预计到 2025 年，全球将产生约 175 泽字节（175 万亿千兆字节）的数据。这意味着 2025 年的平均每日数据产生量约为 4 795 亿千兆字节。假设 2020 年至 2025 年的数据增长速度呈线性递增，那么 2022 年的平均每日产生的数据量约为 374.4 艾字节，即 3 744 亿千兆字节。

为了更直观地说明这个数字的大小，我举一个例子：1 个艾字节的数据足以装满大约 2.5 亿张 DVD，或者相当于观看奈飞的剧集长达 8 600 万年的数据。

在此声明，我对这个回答进行了核实，发现是正确的。如今，我们每天产生约 3 750 亿千兆字节的数据。

然而，这些数据中只有一小部分具有新闻价值。

在这个信息过剩的世界里，要想获得某种程度的清晰度——有效地制定优先事项并保持问责制，我们需要具备有效整合、概括、分析和梳理这些每日涌入的海量数据能力的机构。

对新闻业而言，凭借其在叙事、纠错、情境化和寻找真相方面的丰富经验，这既是一个巨大的挑战，也是一个巨大的机遇。

我相信这个行业有能力应对这样的挑战，但前提是最有责任感和抱负的从业者要采用能够显著提升工作成效、提升影响力的工具。在我看来，这意味着要尽早采用像 GPT-4 这样的工具。

我请 GPT-4 为 2032 年生成一份反乌托邦的"旅行须知"，在这个设定中，新的 AI 技术助长了大规模虚假信息的传播。

霍夫曼：试想现在是 2032 年，距离美国总统大选仅有几个月。由于 AI 技术的突破，假新闻泛滥成灾，一派反乌托邦式末世景象：虚构的名人为候选人背书、候选人做出虚假认罪供述、实时辩论被篡改等。

GPT-4：潜在的出行建议：尊敬的选民们，你正踏入一个充斥着虚假信息、欺诈和操控的危险区域。使用了 AI 技术的假新闻业正在加班加点地试图影响你的投票，进而破坏民主制度。在验证信息来源的可信度、真实性和准确性之前，请勿轻信。警惕深度换脸、合成语音、全息图像等数字技术制造的逼真假象。运用事实检验工具、独立媒体和你的批判性思维能力来甄别。请勿分享或传播未经核实的内容或可能危害他人的信息。寻求来自不同渠道和社群的多元且尊重他人的观点。请牢记，你的选票代表你的声音，它至关重要。不要让假新闻得逞。请保持警惕、确保自身安全并积极参与。

"天哪！"你此刻可能会惊呼，"而 GPT-4 认为解决办法是'批判性思维'吗？"

遗憾的是，在确保真相经得住考验的问题上，简单的答案就是并不存在简单的答案。

但是，作为乐观主义者，我认为我们至少可以采取三个明确的步骤来帮助保护人们寻找真相的能力：

1. 寻找真相的机构需要提高工作效率。
2. 寻找真相的机构需更好地吸引受众关注。
3. 寻找真相的机构要用真相"充斥舆论场"。

实现这些措施的共同要素是什么？我认为答案是 AI。

加速印刷吧

如果你问一位新闻记者，决定其工作价值观的最重要因素是什么，他很可能会回答"准确性"，尤其是在接受正式采访时。但新闻业常被称为"历史的初稿"，原因就在于，速度至关重要，无论是在新闻业还是许多其他行业，情况都是如此。

无论新闻记者报道的是战争、竞选、天气事件、市场形势还是一家极受欢迎的新餐厅，他们总是在与时间赛跑，力求尽快收集信息，将一定程度上的真相传达给大众。

有时，速度压力决定了新闻记者所撰写的历史初稿可能确实非常粗略，背景信息缺失，故事的重要方面尚未完全呈现。

因此，尽管我们大部分人可能将新闻视为一种产品，但它归根结底是一个过程——反复迭代且自我纠正的过程。在理想情况下，明天的报道会对今天的内容进行优化、澄清和拓展。**准确性是一个持久的核心价值，但速度同样至关重要。**

这也是我相信 GPT-4 等 AI 工具能对新闻业产生巨大、积极影响的主要原因：它们将帮助新闻机构以前所未有的速度收集、制作和发布新闻。

这包括自动从大量公共记录中筛选重要的故事；每天监控和分析超过 8

亿条的社交媒体帖子以达到同样的目的；在几秒钟内生成标题、转录采访并将基本信息以不同风格和格式进行打包和个性化呈现。

"你在开玩笑吗？！"某位新闻记者现在可能会用英文首字母缩写AYFKM 来呈现这句话，"尽管 GPT-4 确实存在胡编乱造这个令人头疼的问题，从而放大新闻业错误地将速度置于事实之上、捕风捉影的行事作风，你还是打算使用它吗？"

请暂时不要发推文。我并不是那个意思。

在未来，优质新闻的产生仍然离不开新闻工作者的艰辛付出，以及他们审慎且迅速的判断和评估能力。**优质新闻仍然需要经过谨慎、深入、多阶段的编辑。**这种情况在短期内不会有所改变。这个过程实际上并不快捷；在AI 出现之前，这个过程也不是完全不会出错的。

然而，正如我之前所提到的，速度一直是新闻传播过程中的关键要素。实际上，由于对速度的需求，想要做出优质新闻总是需要迅速采纳并有效利用尖端技术，如印刷机、相机、录音机、电视网络、互联网以及智能手机等，这些技术加快并扩大了新闻的生产和传播速度。

现在这种趋势再次出现。总体来说，**AI 工具将使新闻记者的工作更富有成效。**

关于 GPT-4 产生错误信息的问题（详见第 8 章），新闻从业者显然应予以特别关注，并相应地审查其输出结果。强大的工具总是需要人们具备更高水平的关注和专业知识，无论是汽车、链锯还是复杂算法，情况都是如此。

这是我们在利用这些工具提高生产力时需要付出的代价。

此外，随着大语言模型的快速演进，它们产生错误信息的频率在未来一两年可能会远低于现在的水平。

同时，考虑到 GPT-4 可能提高新闻机构的整体生产力，我认为，警惕GPT-4 的现有缺陷，是一项明智的投资。实际上，新闻业长期以来的核实和纠错文化非常适合应对这一挑战。

权威性提问

在本章开始之前，我向 GPT-4 提出了一个问题："请总结过去 10 年中，AI 辅助报道在帮助新闻机构报道重大新闻方面的一些突出实例。"

GPT 针对这个问题迅速给出了一些详尽且深入的信息，但同样也包含了一些错误。了解到 GPT-4 有时会给出错误信息，我意识到信息核查非常重要。谷歌和维基百科在核查过程中发挥了重要作用。

尽管如此，最终让我快速掌握相关知识的关键还是 GPT-4。虽然它提供的信息部分是错误的，但大部分仍然是正确的。更重要的是，GPT-4 能够极速地产出这些信息。

当我用谷歌搜索同类信息时，它给出了许多链接，有些看起来有用，有些则毫不相干。维基百科的体验虽在细节上有所不同，但结果大致相同。

然而，借助 GPT-4 瞬间从多种来源综合信息的能力，我在几秒钟之内便获得了一份理想中的清单。

尽管这份清单存在错误，但问题不大。因为关键在于，我并不指望 GPT-4 给出完整的结果。我需要的是一个包含丰富信息的起点、一个粗略勾勒出我想要探索领域的地图，以便迅速了解我应该提出哪些问题。

找到了这个起点后，我花了很多时间向 GPT-4 咨询美国联合通讯社（简称美联社）、路透社、《华盛顿邮报》、彭博新闻、《卫报》、《纽约时报》等如何将 AI 融入新闻采集、制作、分发和业务功能的问题。说实话，我花在这上面的时间超出了计划时间。

这是因为与 GPT-4 互动并非传统的网络搜索，更像是 Web 1.0 时代流行的一个词：网上冲浪。对话展开，流程状态接管。你向 GPT-4 提问，它立即用高度相关的信息做出回应，而不是只给出一系列链接。

因此，你会马上想到更多问题并继续提问。这样一来，用传统搜索方法进行探索的过程，通常会停滞不前、令人沮丧——"哦，原来那个链接跟 AI 和新闻业并没什么关系……"而与 GPT-4 的互动则更像是在稳步迈向更高层次的认识和理解。

我认为，GPT-4 的姊妹产品 ChatGPT 广受欢迎在很大程度上得益于此。这种体验本身响应迅速且具有自我驱动性，从而产生了一种智力升级的效果：提一个问题会让你想再提 10 个问题。

我还意识到，这种现象在很大程度上是本章应重点讲述的内容。最初，我以为我会重点介绍自动化新闻，描述新闻机构如何利用数据库和基于模板的 AI 系统生成公司盈利报告、天气预报、体育赛事等方面的数千篇报道。然而，尽管自动化新闻确实为新闻机构提供了战略机遇，但与 GPT-4 的交流让我获得了一个全新的视角。

我认为，对新闻业潜在影响最大且最引人入胜的故事是 GPT-4 如何提高消费者的参与度。当人们对新闻分发方式有更多的控制权时，他们会更喜欢新闻，因此，我猜测他们会对新闻有更多需求。

好消息！一探究竟

在过去的 30 多年里，为用户提供高度个性化的体验一直是互联网发展的动力。YouTube、Facebook 和亚马逊等平台都会密切关注你所浏览的内容，并据此为你推荐更多你可能感兴趣的内容。（比如那双你两年前看过的运动鞋，它一直在不同的网站上跟随着你，宛如一只迷路、孤独的小狗。）

新闻媒体网站同样采用个性化功能。在我向 GPT-4 持续提问有关 AI 对新闻业潜在影响的问题时，"个性化"成了一个反复出现的主题。

当我问 GPT-4，这种个性化如何实现时，它做出了如下回答。

霍夫曼：新闻媒体网站为了让内容更具个性化，会利用哪些数据来分析用户的行为和喜好？

GPT-4：新闻媒体网站将利用用户的地理位置、所用设备类型、浏览历史以及曾阅读或互动过的文章等数据。它们还可以分析读者在社交媒体上分享的文章、在网站上的停留时长以及最常访问的版块。此外，新闻媒体网站可以根据读者的年龄、性别和兴趣来呈现个性化内容。这些数据可以通过 cookies、调查问卷和用户账号等途径获取。通过分析这些数据，新闻媒体网站能够根据用户的喜好和兴趣定制内容，提供更为个性化的体验。

换言之，这是一种传统方法，并无太多创新。

然而，正如上文所说，GPT-4 及其姊妹产品 ChatGPT 所采用的"对话式聊天"方法提供了一种强大且明显不同的个性化版本。

与基于网络的传统个性化方法长时间监控用户的方式不同，GPT-4 和 ChatGPT 只是实时地为你的查询和提示提供高度响应的信息。这既是关于这些大语言模型运作方式的一个明显的发现，也是一个尚未被充分认识的发现。

事实上，它们之所以广受欢迎，并不只是因为在众多主题上表现出的类人流利度和专业知识。与那些致力于推广产品或宣传政治家的聊天机器人不同，GPT-4 和 ChatGPT 非常愿意关注你想讨论的任何话题。这种简单的互动为用户带来了高度个性化的体验。随着互动的进行，你会不断根据自己的喜好来调整它。尽管这种高度个性化会影响你使用 GPT-4 的各种用途，但我认为它对新闻媒体行业具有特殊的重要性。

想象一下，在未来，你访问一个新闻网站，用下面这些信息查询方法来定义你浏览这个网站的体验：

- 嘿,《华尔街日报》,请给我今天最热门的三篇科技新闻的百字摘要。
- 嘿, CNN, 请告诉我今天有关政策制定的气候变化新闻。
- 嘿,《纽约时报》,你能否仅使用档案库中的新闻文章作为来源, 提出一个观点来反驳保罗·克鲁格曼(Paul Krugman)今天的专栏文章?
- 嘿,《今日美国》,请给我找出教育专业人士感兴趣的今天的报道内容。
- 嘿, 福克斯新闻频道, 你能给我一个今天最受关注的读者评论列表吗?

这种方法的核心在于, 记者仍然负责创作作为用户体验起点的内容。然而, 现在, 用户在决定自己的消费内容及消费方式方面起到了更积极的作用。

新闻机构通过在自己的网站上启用此功能, 可以利用类似于推动 ChatGPT 不断增长的"一个问题引出十个问题"这一优势。

此外, 这一功能还将为建立信任创造新的机会, 当然, 信任是相互的。尽管我信任许多新闻机构, 但我也认为大多数新闻机构在更有效地吸引用户方面做得远远不够——他们应该把用户当作积极的参与者, 而不仅仅是被动的消费者。赋予用户更多权利来定义他们自己的新闻消费路径, 将是实现这一目标的一种可行手段。

此外, 这样的功能还将帮助新闻机构充分发挥他们多年来积累的所有信息的价值。使这些信息变得更易获取并更好地利用这些信息, 不仅可以提高用户参与度, 而且能够展示他们在透明度和问责方面的坚定立场。

在编写上述示例查询方法列表时，我展示了用户如何有效地用新闻机构自己的内容对信息进行核查——在数百万互联网监督者不放过任何机会大喊主流新闻媒体发布"假新闻！"的时代，新闻媒体发布互相矛盾的信息，似乎是搬起石头砸自己的脚。

然而，在寻找真相的社会中，透明度和问责是真正的指导原则。在一个充斥着误导信息、虚假信息和过多信息的世界中，新闻从业者尤其需要践行他们努力捍卫的价值观。

在 21 世纪重建信任

最近，我看到了一篇关于 AI 对新闻业潜在影响的文章，我认为有必要在这里呈现这篇文章的完整内容：

普京声称 AI 虚假信息工具是大规模杀伤性武器

安东·特罗扬诺夫斯基

莫斯科——一直以来，俄罗斯总统普京都是西方民主国家的长期对手。在本周二的国家电视台上，他警告人们提防一种新的威胁，那就是可以制造假新闻和其他虚假信息的 AI 技术。

普京先生举例说明了 ChatGPT、DALL-E 等 AI 工具，这些工具能够根据少量词语生成逼真的文本、图片和视频。他表示，这些技术可以操控舆论、制造分裂并破坏对现实的信任。"这些工具是大规模杀伤性武器，能够欺骗、操纵并伤害数百万人。这种情况不局限于俄罗斯，会出现在地球上的任何国家。"普京先生如是说。

普京先生指责美国等国（开发了这些技术的国家）的领导人，认为他们有道义上的责任立即禁用这些技术，并与国际组织合作防止这些技术被滥用。普京先生说："如果他们现在不采取行动，他们就要为引发新型战争负责。这将威胁数十亿人的生命和生存，甚至地球的命运。"

有些专家和活动家赞同普京先生呼吁禁止 AI 虚假信息工具的行为，但也有人认为这种做法很虚伪，因为有报道称普京本人利用这些工具和其他手段干预其他国家的事务以及压制国内异见和批评，他这样做完全是为了转移民众的视线。他们还质疑普京的真诚度和可信度，因为他在面对各种丑闻和争议时，有否认和撒谎的历史。

爱沙尼亚外交部发言人库拉·卡尔尤莱德（Kulla Kaljulaid）表示："普京先生是最后一个向世界宣讲 AI 和虚假信息的危险性的人，因为他本人就是这两方面的大师。"

为了避免误导他人，我必须澄清：这是我让 GPT-4 生成的文章。这是假新闻。

人类自己当然能够写出这样的文章。但是，利用 GPT-4，我只花了几秒钟就完成了这篇文章。而且，写文章只是 AI 技术应用场景的冰山一角。

实际上，在所有可能对新闻业产生负面影响的大语言模型应用中，大规模的虚假信息排在首位。紧随其后的是可能导致大批新闻工作者被淘汰。我认为，正是由于海量虚假信息的存在，新闻工作者被淘汰的可能性才大大降低。这可能算是不幸中的万幸了。

如何应对这一挑战？

2018 年，史蒂夫·班农（Steve Bannon）向记者迈克尔·刘易斯（Michael Lewis）明确表示：“民主党并非关键，真正的敌手是媒体。应对之策便是用虚假信息充斥舆论场。”

时至今日，必应 Chat 和 ChatGPT 等大语言模型在试图生成统计上具有可信度的“真实”内容时不慎产生了错误信息。这一点被别有用心之人利用，大肆宣传，使人们对这类大语言模型在防止产生虚假信息方面的应用失去信心，从而引发公众的不满情绪。

无疑，这种情况正在悄然发生。

当别有用心之人用这些工具达到自己的目的时，我们肯定会听到针对 AI 生成的虚假信息颁布新法规的呼声。我们甚至会看到某些组织和个人在想方设法全面禁止使用某些 AI 技术。然而，在全球互联的世界中，单方面裁军并非可行的策略。

在治理过程中，我希望立法者和开发者能共同协作，着眼于 AI 技术的长期发展，而不是以将风险降至最低的名义阻碍它的进步。**我们不能因为害怕 AI 技术的负面影响而将它全盘否定。**

我坚信，无论事态如何发展，消除由 AI 生成的和人为制造的虚假信息的有效策略，涉及利用 AI 工具来检测此类内容。

我还相信，向舆论场填充真实信息同样重要，甚至可能更为关键。

这意味着什么呢？本质上，我们需要确保寻求真相的任何人都能很容易地获得准确、透明和真实的信息。

维基百科在诸多方面都是不错的选择。它是一个基于事实的庞大信息库，具有透明且严格的添加和编辑信息的流程。

在维基百科中，更翔实的信息来源始终触手可及。你可以访问条目所依据的原始信息，查看创建和编辑条目的人、时间、具体的修改内容以及他们编辑过的其他条目。你还可以了解哪些编辑过的内容是有争议的，以及产生争议的具体原因。

总的来说，维基百科让用户能够轻松地查看和评估它呈现的"真实"信息的来源，并据此判断这些信息的可信度。

维基百科的运作依赖于大量志愿者的贡献，他们在创建条目时，在很大程度上也是以专业新闻机构的工作成果为依据的。如果没有成千上万家专业新闻机构在过去一百多年里追求真相的路上产出的内容，维基百科就不会成为今天这样的宝贵资源库。

当然，维基百科只是众多网站中的一个。要想让真实信息充斥舆论场，需要多方的共同努力。新闻机构在其中可以并且应该发挥关键作用，这需要他们能够不断创新、与时俱进。

新闻机构深知虚假信息的增长对他们自身价值的影响。2017 年，CNN 开启了一场为期多年的营销活动，表明"事实优先"（Facts First）的立场。《纽约时报》也进行了长期的广告宣传活动，传达"真相并非易得"（The Truth is

Hard）和"真相值得追求"（The Truth is Worth It）的信息。

然而，除了营销之外，我们还需要新的流程和形式，以便在透明、持久、可共享且易于评估的方式中轻松实现验证、背景来源访问和问责。

假如在 NYTimes.com 或 FoxNews.com 上发布的每篇文章都有一个"事实检查"（Fact Check）按钮，就像现在发送邮件或发推文的按钮一样，会出现什么情况呢？

这个新按钮可以触发来自第三方网站的审核，该网站配备了先进的 AI 工具，可以实时评估文章内容。文章引用的统计数据是否可验证？背景是否恰当？引用了谁的文章，关于他们有哪些有用的附加信息？如果将背景扩大，这篇报道还适用于该主题吗？文章包含的图片、视频和音频的来源是什么？这些元素是真实的还是合成的？

对新闻机构发布的每篇文章进行这种程度的审核似乎有些过分，也许确实如此。毫无疑问，一个完全依赖人力的系统将耗费过多时间和成本，实施起来难度颇大。

然而，AI 为我们提供了新的超能力。我们应该大胆地运用它们。在信息真假难辨的世界中，我们必须尽一切努力让优质信息变得易于识别。

这可能会产生何种影响？

它可以迅速地将全球信息分为两大类：一类是主动鼓励评估与验证的信息，另一类是不需要进行这种操作的信息。

诚然，假新闻引发的问题并不限于假新闻本身，其产生根源是许多人喜欢看假新闻，因为假新闻支撑了他们原本就坚信的观点。然而，试想一下，在一种更加鲜明的信息透明与问责文化中，部分新闻文章的"成分"将变得如同罐头盒上的营养标签一样清晰易读，这样做有什么弊端呢？

假设成千上万的新闻机构，包括那些具有鲜明意识形态立场的组织，开始以这种方式大力传播真实信息，我们或许能在打击虚假信息市场方面取得显著成果。

在没有新闻工作者的情况下，
新闻业无法存续

在此次探讨过程中，我一直在强调，像 GPT-4 这样的 AI 工具的普及将为新闻业和新闻工作者创造空前的机会。

然而，前文也提到，新闻工作者的困境在于新闻业的现状。当新闻工作者长时间陷入为生计而疲于奔命的境地时，他们就不太可能愿意承担职业发展之路上的风险。

尽管如此，当有原则地寻找真相变得前所未有地紧迫时，机会显然是存在的。对那些能够找到创新方法充分利用新的 AI 工具的人来说，摆在他们面前的是巨大的机会。借助新技术的力量，是新闻业在过去得以发展壮大的主要原因之一，在未来，情况极有可能也是如此。

对希望在行业中保持竞争力的新闻工作者来说，他们应该怎么做呢？

首先，显然他们应尽一切努力熟悉像 GPT-4 这样的 AI 工具，并尝试用创新的方式发现和讲述故事。

其次，GPT-4 在谈论技术对新闻业的影响日益增加的过程中，也确实始终强调人情味存在的必要性。以下是我与 GPT-4 的对话中的几个例子。

GPT-4：AI 是一种强大的工具，可以辅助人类新闻从业者完成工作，提升他们的工作品质，但人类新闻从业者不应完全依赖它，因为它在准确且合乎道德地报道某些主题时，可能缺乏必要的人类判断力和经验。

GPT-4：人类新闻从业者可以运用他们的专业判断、好奇心和背景知识来评估信息来源、数据和信息本身，发现其中的差距、偏见和错误，并产生 AI 工具可能无法实现或忽视的独特见解，以人类特有的角度提出问题。

GPT-4：然而，需要注意的是，AI 生成的标题和配文仍应由人类编辑审核和批准，以确保它们在事实上是准确的、在道德上是可接受的，并且符合新闻机构的基调和价值观。

当然，有人可能会将这些言论理解为一个狡猾且善于奉承的机器智能在毫无诚意地推卸责任。这是一种愤世嫉俗的看法。

我个人在 GPT-4 的回答中发现了许多真知灼见。新闻业是一个充满人性的行业。这一行业需要并奖赏好奇心、创造力、坚定的道德准则，以及抓住时机，通过富有同理心的视角来讲述真相的能力。

同时，一些简单的现实问题是 GPT-4 无法解决的。GPT-4 无法亲临火灾现场提问。它不知道如何在州议会中找到潜在的消息来源，并逐渐赢得与会者的信任。它缺乏生活在这个世界上的人类所具备的道德推理和情境理解能力。

因此，我有两方面的愿望。首先，我希望新闻从业者能积极地，甚至大刀阔斧地在工作中应用 GPT-4 这类工具，从而使工作富有成效。其次，我希望新闻从业者能在应用 GPT-4 这类工具发挥自己的判断力时履行监督职责，让这些工具最大限度地提高生产力。

IMPROMPTU

AMPLIFYING
OUR HUMANITY
THROUGH AI

05

—

重塑社交媒体，
让人之所以成为人

在一个 AI 工具可以令人信服地
模拟人类表达的世界中，
真正的人类会寻找方法来传达
他们是有形存在的生物。

———

As the logical consequence of living in a world
where AI tools can convincingly simulate
human expression, actual humans will seek ways
to convey that they are corporeal beings.

年仅 24 岁的吉米·唐纳森（Jimmy Donaldson），也就是 YouTube 账号"野兽先生"（MrBeast）的运营者，已创建了一整套优质的 YouTube 视频，累计达到 2.21 亿订阅者和超过 350 亿的总观看量。显然，他对扩大影响力颇具心得。

我对野兽先生印象最为深刻的一点，是他和团队在为视频命名方面的高超水准，他们能以极具吸引力的方式精准传达视频的核心内容。

"为了 1 万元，你敢坐在满是蛇的地方吗？"

"千名盲人首次领略视觉世界。"

"5 万块磁铁能否抓住飞速行进的炮弹？"

这些视频的主题一目了然，且毫无疑问地引人入胜。比如，你现在是不是在好奇 5 万块磁铁能否真的抓住飞速行进的炮弹呢？**优质的标题便是最佳营销手段。**

因此，当我开始关注 GPT-4 对社交媒体的潜在影响时，我花了大约一小时，让 GPT-4 根据各种提示为可能的野兽先生的视频生成标题。尽管 GPT-4 的大部分回答相当普通，但它能即刻生成海量答案的特质意味着它的成功率不需要很高——仔细找找，我们总能从中发现令人满意的答案。以下是我认为它表现最佳的一些回答。

霍夫曼：为野兽先生创作 25 个有趣的视频标题，以兰博基尼和其他东西为主题。

GPT-4：兰博基尼与 1 万个气球的对决：气球能让兰博基尼飘起来吗？

霍夫曼：为野兽先生创作 25 个诙谐且富有创意的视频标题，要和辣椒酱有关。

GPT-4：我用辣椒酱填满了泳池，并鼓动朋友们在里面游泳。

霍夫曼：假设野兽先生是个激进的平等主义者，请给他的视频创作一个标题。

GPT-4：我买下了整座工厂，并把它交给了工人。

霍夫曼：为野兽先生创作 20 个奇特又有创新性的视频标题，以世界上最大的 3D 打印机打印出不寻常的物品为主题。

GPT-4：我用 3D 打印机制作了一个巨大的冰激凌蛋筒，然后用叉车吃掉了它。

霍夫曼：为野兽先生创作 20 个疯狂的视频标题，以商业太空旅行为主题。

GPT-4：我聘请了埃隆·马斯克作为我的私人太空导游。

我并非野兽先生的目标观众，所以我不是评估 GPT-4 这次表现的最佳人选。但你是否想看看 1 万个气球能否让兰博基尼飘起来呢？至少，GPT-4 的表现足够引人注目。这也让我很好奇，如果野兽先生和他的团队也尝试用 GPT-4 生成提示，他们会问出什么问题来。

如果野兽先生和他的团队真的这么做了，那他们将会有很多竞争对手。现在，YouTube 上有数千条关于 ChatGPT 的视频。我最喜欢的是那些直接与 ChatGPT 互动的视频。在其中一条视频中，一个名为"鹩哥"（Grackle）的网络红人在吃完用 ChatGPT 提供的曲奇饼干蛋糕配方制作的蛋糕后，给予了极高的评价："真的很好吃！简直是天作之合！"

在另一条视频中，一位名为"迈克医生"（Doctor Mike）的医生就一系列医学问题向 ChatGPT 提问。他对 ChatGPT 在涉及伦理问题的回答给予了特别的赞赏："这是个非常聪明的回答！"

面向大众的自动化

我对 YouTube 创作者对近期 AI 技术发展的关注热情并不惊讶。社交媒体向来充斥着具有非正统观念的激进派和叛逆者，他们在独辟蹊径地推动事物发展。

　　显然，也正是这些反叛的创作者，在某种程度上成为促使 AI 在社交媒体领域发挥决定性作用的动因。自动化内容审核算法正在大多数主流平台上抵制垃圾邮件、仇恨言论、虚假信息和不适宜家庭观看的图像，让用户能够几乎立刻发布自己的帖子，无须依赖相对较慢的人工审核。AI 算法还会根据个人口味为用户量身定制内容和推荐产品。

　　当然，AI 也可能给社交媒体带来问题。以最大化用户参与为目标的算法可能导致信息过滤气泡和回音室现象[1]，使用户接触到的内容更狭窄、更极端。例如，创建自动生成"回忆"视频的算法，若生成的内容包含人们更希望遗忘的人或场景，就可能引发用户的不适感。

　　值得注意的是，**不管是面对 AI 对社交媒体产生的积极影响还是消极影响，用户都无法自主决定 AI 如何塑造他们的体验。**他们最多能够选择退出某些应用，如关闭个性化广告或回忆视频。然而，直到最近，用户还没有机会使用像 GPT-4 和 DALL-E 2[2]这样的工具，以自主、主导的方式来运用 AI。

　　这是我在整本书中一直关注的主题，但在这一章尤为重要。社交媒体自诞生之初就致力于将广播媒体单一、被动的受众群转变为互动性、民主的社群，使得到全新赋权的参与者能够直接联系彼此。他们可以广泛传播自己的声音，不受任何编辑"把关"的限制，只需遵循特定平台的服务条款。

---

[1] 过滤气泡是指人们在网络上的搜索结果极大地受个人既存数据的影响，从而使人们得到的信息逐渐窄化和"定制化"；回音室现象是指人们在网络上经常接触相对同质化的人群和信息时，会倾向于将从中得到的信息当作真相和真理，在不知不觉中窄化自己的眼界和理解。——编者注

[2] DALL-E 2 是 OpenAI 的文本生成图像系统。——编者注

尽管推荐算法日益强大，但社交媒体仍然是一个允许用户在很大程度上决定自己的使用路径和体验的领域，相较于传统媒体，他们在这里拥有更多的选择。同样，他们也期待有一定程度的自主权，并持续寻求扩大这种自主权的新方法。

社交媒体的内容创作者在开始阶段往往需要扮演多种角色。一个YouTube 的新手创作者很可能不仅要充当视频的演员，还要担任制片人、导演、编剧、编辑、公关等职务。

在这种背景下，AI 的实用性显而易见：它为创作者提供了一种强大的提高生产力的途径。然而，它也带来了一个看似矛盾的现象。正因为社交媒体在使用上具有完全自主的特性，所以真实性才是它的核心价值。创作者和观众都非常重视即时性、自发性和鲜明的人性特点。

因此，乍一看，AI 似乎与社交媒体格格不入。但事实上，社交媒体中最具代表性的作品，即自拍，既是技术上的成功，也是美学上的胜利。由于智能手机卓越的性能设计，拍摄快照式肖像所需的精力比以往大大减少。

我相信 AI 将成为这种趋势的更强大体现。

我是不是机器人

尽管真实性可能是社交媒体中内容的核心价值，但这个领域仍存在许多造假现象。我说的不仅是在审美上，比如当一个 Instagram 的"无尽夏日"滤镜在金色的光芒中让真实和虚假之间的界线变得模糊。我指的是可能具有危害性的欺骗形式，比如虚假新闻、心理操纵视频，或者那个声称自己是艾奥瓦州农民的 Twitter 用户，实际上却不是农民，不是艾奥瓦州人，甚至不是人类。

在有机器人参与或经过深层次伪造的情况下，将这类 AI 引入社交媒体真的有意义吗？

尽管我在第 4 章中已经讨论过这个问题，但在这里再次讨论也很有必要。毕竟，正是社交媒体使虚假信息传播得如此迅速。

值得一提的是，事情并非一开始就是这样。诸多最早期的社交媒体，实际上为网络世界带来了更大的透明度和更高的真实性。

例如，20 年前，当我和其他合伙人共同创立领英时，我们主要受到"网络空间"与"现实世界"之间的界线正在迅速消失这个事实的激励。互联网已不再是一个人们通过化名进入的地方，而是演变成一个人们用来便利生活的地方。他们在这里购物、与家人保持联系，以及与现实生活中的朋友共同制订计划。在这样的氛围中，我和其他合伙人意识到，基于真实身份的数字平台可能对数亿人具有巨大的益处。

在领英，我们主要关注的是专业身份。为了在平台上建立用户之间的信任，我们将用户的身份置于从属关系网络中。这样一来，你就无法凭空编造一个虚构的角色——其他用户实际上证实了你的身份。

在一年后推出的 Facebook，最初只允许拥有经过认证的大学电子邮件地址的学生参与。尽管 Facebook 没有要求用户在注册时上传自己的照片，但实名制显然是它希望建立的标准。

通过这些方法，社交媒体首次在网络上有效地帮助实名制扎根。然而，社交媒体对更多用户广泛参与的看重也使其容易受到各种形式的欺诈行为的影响，有些是人为的，有些则是自发的。我认为大多数社交媒体平台低估了在线社区在治理方面的需求，尤其是当它们的用户扩大到数亿甚至更多时。

随着时间的推移，大多数社交媒体平台已经大幅加强了治理工作，通常是使用在打击虚假信息、欺诈和其他欺骗行为方面发挥核心作用的 AI 工具。但这是一场持续的战斗。例如，Facebook 现在每个季度都会定期关闭超过 10 亿个虚假账户。

因此，即使我们试图禁止大众广泛、平等地使用 AI 工具，欺诈和欺骗问题仍然会存在。

对我来说，减少欺诈和欺骗行为最有效且最公平的方式是寻找新的方法，而不是推行总是难以执行的禁令。正如我在第 4 章中所描述的，我认为"让真相充满整个舆论场"是对抗虚假信息的一个关键方式。

同样，我认为社交媒体参与者，尤其是社交媒体创作者会努力寻求更好的方法来证明他们真实的、人类的身份。平台本身也可能参与这个过程，来继续和强化他们在推广实名制方面的努力。

我无法确定这种自证真实的方法具体会如何发展。但我认为，在一个 AI 工具可以令人信服地模拟人类表达的世界中，真正的人类会寻找方法来传达他们是有形存在的生物。简言之，他们将充分展示自己的人性。

如果你觉得这听起来像是为了实现一个充斥着垃圾邮件和 SEO[①] 内容的世界而大费周章，那么请始终牢记两个关键事实。

第一，具备类人交流能力的 AI 工具并不是天生就具有欺骗性。这完全取决于 AI 工具"愿不愿意"骗你。一个明确表示自己为非人类实体的客服聊天机器人就非常真实。

第二，尽管 AI 工具的欺骗性可能导致混乱的局面，但它在透明、直接使用时还是能创造巨大价值的。

众人已加入聊天环节

ChatGPT 用不到一周的时间，就展示了人们实际上多么喜欢与具有人类般的沟通流畅度，而非仅依赖有限的固定回复的聊天机器人交谈。所以想象一下，当全球各大航空公司、货运服务企业、在线零售商和政府机构纷纷开始部署像 GPT-4 这样能解答你问题的聊天机器人，会是什么样的情景。

现在，为了更深入地探讨这个想法，我们可以并将其应用于社交媒体领域——试想与聊天机器人版的野兽先生、米歇尔·奥巴马、本杰明·富兰克林、玛吉·辛普森[②]，以及顶尖的高中数学家教、B2B 营销专家等展开深入交流的场景吧。

---

① SEO 的全称是 Search Engine Optimization，即搜索引擎优化，是一种利用搜索引擎的搜索规则来提高网站在有关搜索引擎内的自然排名的方式。——编者注
② 辛普森是动画情景剧《辛普森一家》中的人物。——编者注

我并不是说这种境况会在下个月或明年到来。但我确信，这类大语言模型聊天机器人最终将成为图书、播客、教学视频、音乐专辑等媒体形式的一员，使个人能够跨越时间和空间传播自己的思想、价值观、个性和创造力。

当然，这项尝试并非没有风险，特别是在大语言模型继续以较高频率产生幻觉[①]和其他意外后果的情况下。因此，我并不期望像米歇尔·奥巴马这样的重要人物带头尝试。相反，那些愿意承担一定风险，以换取开拓一个领域的机会的人或许是更合适的人选。在 AI 领域，早期的参与者可能会获得巨大的回报。我猜，这些尝试者中的大部分会从社交媒体领域涌现出来。

这在一定程度上是因为这样的聊天机器人可以帮助解决一个普遍存在的社交媒体难题。为了说明我的观点，让我们想象一个虚构的名为科德修斯的 YouTube 创作者。科德修斯是一名 25 岁的软件开发者，他驾驶着改装的车辆在北美旅行，与他的宠物猫相伴。

当科德修斯抵达新目的地时，他通常会选择最具特色的爱彼迎住宿。如果没有可租的房源，他就住在自己的车里。由于他的远程计算机工作对观众来说缺乏足够的吸引力，科德修斯花了很多时间探索新环境，以寻找可以用于他每周发布到 YouTube 的视频素材。有时他会接一些零活儿，期望为自己的视频创造更多内容。有时他也会向当地人介绍如何模仿他的数字游民生活。

---

① ChatGPT 在回答一些问题时，会无中生有地"编造"一些不存在的事情，如果请它再审视自己的答案，它往往能自行纠正，但这种"幻觉"仍然是目前 ChatGPT 存在的问题之一。——编者注

在发布视频初期，科德修斯坚持在 24 小时内回复每一条观众评论。他很快发现，保持高度回应性可以让一次性观众变成回头客，回头客变成订阅者。但现在他拥有 150 000 位订阅者，新视频会有超过 1 000 条评论，他不得不搁置越来越多的问题。

考虑到自己正在做的软件开发工作，科德修斯开始思考如何让 AI 帮助他。最初，他关注的是如何自动回复 YouTube 上的观众评论。但后来他忽然意识到，创建一个完全成熟的、能自行与人聊天的机器人或许会更具吸引力。这将为他的订阅者提供持续、深入的互动。这可能成为了解订阅者最喜欢他的哪些内容和形象的重要途径，甚至还可能为他带来收入。

那么，像科德修斯这样的人可能创造出自己的聊天机器人吗？

在我向 GPT-4 提问时，它给出了以下回答。

霍夫曼：假设 GPT-4 具有公共访问性、价格合理、可扩展性，并且在泛化、连贯性和多样性方面明显优于 GPT-3。如果这些都成立，那么一个名为科德修斯的 YouTube 创作者，拥有超过 100 份 15 分钟长的视频脚本、2 万多字的博客文章、2 000 多条回复观众的评论以及 500 多篇 Reddit[①] 帖子，是否能利用这些数据有效创建一个经过训练的 GPT-4 版本，以近似地模拟他的语言模式、价值观、幽默感、主要兴趣和愿望，总体上传达他的个性？

GPT-4：应该没问题，名为科德修斯的 YouTube 创作者很可能可以利

---

① Reddit 是一家旨在提供娱乐、社交和新闻服务的网站。——编者注

用这些数据有效地创建一个训练过的 GPT-4 版本，以近似地模拟他的语言模式、价值观、幽默感、主要兴趣和愿望，总体上传达他的个性。假设 GPT-4 具有公共访问性、价格合理、可扩展性，并且相比 GPT-3 在能力方面有显著提升，那科德修斯就可以利用他丰富多样的书面和口头内容来训练一个特定的模型，以捕捉他独特的声音和风格。他还可以使用其他数据源，如观众的留言、在社交媒体的互动中所得到的反馈，以及相关主题的资料和趋势分析，进一步完善和更新他的模型。通过对 GPT-4 进行一定程度的训练，科德修斯可能生成与他的个性和偏好相一致、连贯且富有创意的新内容。他还可以利用模型与观众互动、回答问题、就各种议题发表评论。

然而，科德修斯在使用模型时也需要小心谨慎并且秉持道德感，确保向观众表明使用了 GPT-4。他还需要监控和评估 GPT-4 的输出，纠正可能出现的错误、偏见或不准确之处。此外，他需要尊重他人的知识产权和隐私权，避免剽窃或误传任何来源或信息。最后，他需要保持自己的真实性和诚信，而不仅仅依赖模型来表达自己或与观众互动。

简言之，像科德修斯这样的人现在很可能已经可以实现这一目标。

他需要花一些时间和精力整理所有源数据，如 YouTube 脚本、博客文章等，并将它们转换成训练过程所需的格式。然后，他可以以非常低的成本使用 OpenAI 提供的资源。多说一句，在上述假设中，OpenAI 可能会向他收取大约 30 美元的训练费用。

正如我在本"游记"中一直强调的那样，GPT-4 也强调透明度、持续的人类监督和与人类的互补性的价值。如果科德修斯对使用聊天机器人持开放态度，并坦诚地向观众表明他已经将这个数字实体作为自己的延伸（而不是试图将其冒充为真正的他），那他就可以在 GPT-4 的使用中获得更大的收益。

例如，科德修斯最终可能创建多个经过训练的特定模型。一个可能主要关注编程教学，另一个可能专门提供关于成为数字游民的建议。也许他甚至会创建一个以他的猫为代表的聊天机器人，或者说猫机器人。

有些模型管理的板块可能仅对付费订阅者开放；另一些模型管理的板块可能由赞助商支持，聊天机器人会偶尔提到这些赞助商的产品和服务。所有这些都可能增加科德修斯作为广告代言人、商业顾问或演讲者的价值，就像图书、播客和其他媒体形式已经发挥的作用一样。

社交媒体 AI，新一代技术奇迹

当 YouTube 在 2005 年诞生时，没有人能迅速预见到它会发展成为世界上最重要的教育和参考资源之一，没有人意识到它会让猫成为百万富翁，也没有人预期到诸如反应视频[①]、化妆视频、拆箱视频、ASMR[②]视频等内容类型的迅速发展和普及。然而，成千上万充满创新精神的创作者，凭借强大的新工具和自身能力，不断去探索和验证他们狂热的想法，释放无尽的激情——就这样催生了 YouTube 的奇迹。

---

① YouTube 中的一种视频类型，主要记录人们对某些事物的反应。——编者注
② 自发性知觉经络反应（Autonomous Sensory Meridian Response，ASMR），又名耳音、颅内高潮等，指人体通过视、听、触、嗅等感知上的刺激，在颅内、头皮、背部或身体其他部位产生的令人愉悦的独特刺激感。——编者注

如今，这个奇迹即将在 AI 领域再次上演。本章中我关注的聊天机器人仅仅是 AI 的无数可能发展路径之一。那些真正能够解密这一领域的人，很可能会采用我们从未设想过的创意和方法来实现目标。对他们而言，一个充满创新成果和巨大影响力的美好未来正在等待着他们。

IMPROMPTU
AMPLIFYING
OUR HUMANITY
THROUGH AI

06

—

重塑劳动方式，
提升生产力、幸福感与满意度

突破性技术一直在创造未来的职位，
我的"个人智能"观点是，
AI 可以成为你职业生涯航船的副船长。

———

Breakthrough technologies that have
created the jobs of the future.
My personal "human intelligence" take is that AI can serve
as your co-captain as you steer the ship of your career.

1990 年我大学毕业时，尚未出现"网页设计师"、"SEO 策略分析师"和"数据科学家"等职位。而在 2003 年我与合伙人共同创建领英时，我们的用户中也没有人从事"社交媒体经理"、"抖音网红"或"虚拟现实建筑师"等工作。

随着 GPT-4 等 AI 工具的问世，我们将在行业发展、整体工作模式以及职业发展方面看到类似的变化。那些能够把这些新工具巧妙融合进工作流程的企业、职业及个人将获得最佳收益。反之，那些未能以战略性的方式适应 AI 潮流的企业将难以在瞬息万变的市场中保持占有率和竞争力。

在我看来，忽视 AI 就如同在 20 世纪 90 年代末忽视博客，或者在 2004 年忽视社交媒体，抑或在 2007 年忽视移动互联网。不久，熟练运用这些工具将变得对所有专业人士越来越重要，它们也是催生新机会和新职业的主要动力。从现在开始发展相关技能和能力，将使你未来受益匪浅。

当然，AI 带来的变革将同时产生正负两面的影响。过去的技术革命淘汰了特定人群，比如因工厂的大规模生产而失业的手工艺者，以及近年因机械自动化程度提高而失去工作的工厂工人。

如今，知识型劳动者同样面临这些挑战。尽管我坚信这些新型 AI 工具将创造新职位、新产业，带来巨大的经济效益和生活质量的提升，但同时也存在淘汰部分蓝领和白领职位的风险。

鉴于此现实，政策制定者和商业领袖可以采取多种措施以帮助实现这种转型。这包括投资培训和再培训项目，以确保劳动者具备担任新职务所需的技能。这其实也是在为受自动化影响的劳动者提供一定程度的保障措施。

然而，要在这个节点上取得最佳效果，我们还必须以一种适应性强、具有前瞻性的视角来应对。在我看来，这意味着我们应如同拥抱 Model T① 和 Apple Ⅱ ② 那样拥抱 AI。历史上，**突破性技术一直在创造未来的职位，我想这一次也不例外。**

职业生涯的蜕变

回溯至 2012 年，我与本·卡斯诺查（Ben Casnocha）共同出版了《为什么精英都有超级人脉》这本关于现代职业管理的书。我们觉察到，社会上关于职业生涯的讨论，往往集中在变化如何使人们难以遵循加入一家公司、一步步往上爬，直至熬到领退休金的旧模式。人们依旧抱着那些不再适用的经

---

① 即福特"T 型"汽车，通常被认为是第一款大众可以买得起的汽车，其相对较低的价格部分是福特高效制造的结果，包括采用流水线生产而非个人手工制作等。——编者注
② 一款家用计算机，是世界上非常成功的大规模生产的微型计算机产品之一。——编者注

验教训，为它们的消逝而悲伤。

我们认为，更为明智的方式是通过习得新的、适用于职业流动性更大的世界的经验教训，以迎接未来的挑战。

10 年后，我们出版了《为什么精英都有超级人脉》（修订版），以反映一些新的重大变化，比如从临时工作的大幅增长到大规模流行病的影响，以及远程—现场办公混合和远程办公模式的兴起。

未来我们可能需要再次修订，以涵盖 AI 的崛起。如果是这样，我们可能不会等到 2032 年再出版。谁知道呢？或许在第三版问世时，GPT-4 已经能成为一名独立的合著者。

的确，变革可能让人难以遵循传统的职业模式，但更有成效的途径是期待变革如何催生新的机会。人们需要问自己："会有什么好事发生？"

让我们来探讨一下其中可能的一些主题。

霍夫曼：某位专业人士如何运用 AI 来帮助他们实践里德·霍夫曼和本·卡斯诺查所著的《为什么精英都有超级人脉》一书中的关键职业管理概念和建议呢？请以项目符号列表的形式回答。

GPT-4：
·借助 AI 分析他的个人技能、经验和兴趣，以发现与自身目标相符的职业机会。
·请 AI 提出拓展人脉的策略，并为他的个人品牌营销制订个性化策略。

· 请 AI 推荐能够帮助其个人发展职业生涯的导师和顾问。

· 在采取行动前请 AI 识别风险和潜在失误点，让他能够做出更明智的决策。

以上可以看到类似 GPT-4 这样的工具是如何帮助人们发现职业机会、锚定推荐导师和顾问，以及识别潜在的风险和失误点的。我甚至能看到它提出具体的人脉拓展策略。那么，当把这项任务具体到实际的人身上时，AI 会如何为个人品牌制订个性化策略呢？

霍夫曼： 请为作家和风险投资家本·卡斯诺查制订一套个性化策略，以推广他的个人品牌。这应包括卡斯诺查现有个人品牌的概述，其个人品牌如何改进和提升，以及卡斯诺查应采取哪些具体行动来推广他的个人品牌。

GPT-4： 本·卡斯诺查目前的个人品牌是一位成功的作家、风险投资家和科技爱好者，同时还是风险投资公司 Village Global① 的合伙人。他因写作或与人合著《联盟》《为什么精英都有超级人脉》以及《我在硅谷的创业人生》（*My Start-up Life*）而广受好评。他的个人品牌可以通过提高在科技行业的知名度和突出其专业特长来加以完善。为了推广他的个人品牌，卡斯诺查可以考虑以下策略：

· 在科技会议和行业活动上发表演讲，提高知名度，树立自己作为行业思想领袖的地位。

· 利用社交媒体宣传自己的书、文章和演讲活动。

· 与顶级科技领袖建立联系，扩大人脉网，与行业关键人物建立联系。

---

① 美国一家非传统的风险投资机构，类似于一个投资人的社群。——编者注

· 推出播客或网络系列节目，与更广泛的受众互动，分享自己的知识和见解。

· 在行业杂志和网站上发表文章，展示自己的专业知识和作品。

· 参加创业大赛和黑客马拉松活动，提高知名度并与其他创业者建立联系。

· 创建个人网站，展示自己的作品，并为受众提供一个在线平台。

这里有一个事实错误。实际上，《我在硅谷的创业人生》才是卡斯诺查的第一本书。更重要的是，GPT-4 的建议相当普通。这些建议并没有体现出任何个性化。

接下来，让我们尝试探讨一个更普遍的问题。

霍夫曼：在 AI 技术和工具已经广泛改变人类工作方式的未来，年轻的职场人士应该如何充分利用 AI 来管理职业生涯、加速职业发展，并寻找更有意义且令人满意的工作？

GPT-4：

· 智能职业规划：AI 能协助他们明确职业方向，为职业成长提供个性化辅导。他们可以运用 AI 算法为职业晋升量身定制计划，并找出带来成功的关键环节。

· 智能技能评估：AI 能帮他们审视现有技能，并发现为了职业发展所需掌握的新技能。这将使他们跟上行业趋势并培养在竞争中所需的技能。

· 智能职位匹配：AI 能协助他们寻找与自身技能和经验相匹配的工作机会。借助 AI 算法，他们能获取个性化的岗位推荐，从而找到最适合自己的职位。

· 智能简历优化：AI 能帮他们打造展现自身技能和经验的完美简历。他们可以使用 AI 算法挑选最佳的词语组合，使自己的简历更出众。

· 智能面试准备：AI 能够提供针对性的面试指导，协助他们为面试做好准备。他们可以运用 AI 算法分析职位描述，预测面试中可能会被问到的问题。

可以看出，GPT-4 在这里大量运用了"智能"和"算法"，但这些建议还是有一定参考价值的。

我个人的"人类智能"观点是，AI 可以成为你职业生涯航船的副船长。《为什么精英都有超级人脉》（修订版）一书的核心观点是，你的职业生涯就像一家创业公司，而你是公司的 CEO。作为创业公司的 CEO，这是一份充满孤独感和压力的工作，充斥着不确定性和两难困境。为了让工作变得更易于管理，你可以组建一个个人顾问团队来为你提供帮助和支持，但这种方法也有局限性。

你的顾问团队成员作为人类，不会一直有时间陪伴你。GPT-4 等 AI 工具可以作为 AI 顾问，帮你分析各种情景并提供选择方案，随时待命，且仅需几秒钟就能提供答案。虽然 GPT-4 的建议可能不会带来立竿见影的效果，但它至少能为你提供一些反馈和思考的基础，这总比你束手无策地面对空白页要好得多。

受益，管理模式的改变

在卡斯诺查和我出版《为什么精英都有超级人脉》（修订版）后不久，我们意识到，在为个人专业人士建立新的职业生涯框架的同时，也有必要创建另一个用来指导雇主和管理者如何与创业者合作的全新框架。

因此，我们邀请我们的老朋友克里斯·叶（Chris Yeh）与我们共同在《联盟》一书中探讨了这些相关影响。

《联盟》这本书指出，一些组织和管理者在思考雇佣关系时，往往都在采用过时的隐喻。许多 CEO 倾向于将员工视为家庭成员，然而家庭意味着一种永久且几乎无法解除的联系，这在现代工作场所中并不实际。另一些组织和管理者则走向了另一个极端，即把员工完全看作自由职业者，这让员工在对企业建立信任感、忠诚感和创造长期价值方面变得极具挑战。

我们认为，更为合适的类比是把员工看作盟友——为了追求共同的重要使命而团结在一起的独立个体，并对什么是成功、如何让企业变得更强大、如何更好地发展员工的职业生涯达成明确的共识。

接下来，我们一起来看看 GPT-4 对将 AI 引入管理领域有何看法。

霍夫曼：组织和管理者如何运用 AI 来实施里德·霍夫曼、本·卡斯诺查和克里斯·叶在《联盟》一书中提到的关键职业管理概念和建议？请确保讨论雇主与员工之间联盟的建立、为员工明确具体的"任务阶段"以确立对双方都有利的使命，以及雇主如何建立和利用企业校友网络与前员工保持联系。请以项目列表形式回答。

GPT-4：

· AI 能够通过提供个性化的实时绩效和工作满意度反馈，协助雇主与员工建立牢固的关系。

· AI 能够帮助组织为员工界定具体的"任务阶段"，明确对雇主与员工皆有利的特定使命。

· AI 能够协助雇主建立并运用企业校友网络，与前员工保持联系并了解他们的诉求、技能和经验。

· AI 能够通过向员工提供量身定制的建议与支持，助力组织打造互信与合作的文化。

· AI 能够通过为员工提供有关公司绩效和目标的最新信息，推动组织形成透明与开放的文化。

· AI 能够通过为员工提供个性化的培训与发展机会，倡导组织形成学习和持续进步的文化。

· AI 能够通过向员工提供及时的反馈与认可，帮助组织建立反馈与奖励员工成就的制度。

尽管其中有些观点与《联盟》的联系不太明显（例如，书中并未讨论"学习型文化"或奖励制度），但我还是非常喜欢这里的很多想法。现代职场的忙碌程度不断加剧，导致管理者向下属提供及时反馈的机会越来越少。远程—现场办公混合和远程办公模式的兴起进一步加剧了这一问题。AI 能够在员工需要时提供反馈和帮助，而不仅限于管理者与员工一致时，我为此感到兴奋。

接下来进行更深入的探讨。

霍夫曼：AI 如何协助建立雇主和员工之间的牢固关系，并向员工及时反馈员工的工作成效和管理者对此的满意度？

GPT-4：AI 可以做以下这些事。

· 针对特定任务或项目，为员工提供个性化建议和支持。

· 发现可改进的领域，向员工提供定制化指导以提升绩效。

· 向员工反馈其工作成效和管理者对此的满意度。

· 及时认可员工的成就。

· 为员工提供定制化培训和发展机会。

· 分析员工的情绪，帮助雇主了解员工的参与度和职业满意度。

值得注意的是，如今我们要求管理者在几乎没有技术支持的情况下完成这些任务（情感分析或许是个例外）。我尚不确定 AI 是如何实现这些功能的，但若能实现，它势必会成为管理者的福音。

霍夫曼：AI 如何协助组织为员工规划特定的任务阶段，从而使雇主和员工共同受益？

GPT-4：AI 可以做以下这些事。

· 为员工量身定制特定的职位描述和任务，以与其技能和兴趣匹配。

· 发掘员工提升和发展技能的潜在机会。

· 向员工提供个性化指导和建议，以实现其目标。

· 分析员工绩效并提出应该关注和改进的领域。

· 向员工提供定制化的目标设定和进度跟踪工具。

· 针对员工取得的成就提供个性化的反馈和认可。

在《为什么精英都有超级人脉》（修订版）和《联盟》中，我们提出个人应该主导自己的职业发展。这无疑是正确的，但仍然颇具挑战性。AI 的潜力在于，它将协助处理与明确工作任务相伴的元任务，从而帮助所有员工（不仅限于最具自我激励性和自律性的员工）优化工作表现和职业进程。

霍夫曼：请描述一个故事，围绕 2035 年的一位经理和员工利用 AI 进行合作，为该员工规划任务阶段，借助 AI 帮助员工提高生产力及加快职业发展。同时阐述这种方法对公司、经理和员工的益处。

GPT-4：2035 年，职场发生了翻天覆地的变化。AI 和 AI 驱动的自动化深刻改变了企业的运营方式，提升了效率和生产力。

马克是一家小型科技公司的经理，他的任务是找到提升公司生产力和利润的方法。他明白需要找到激励员工的方法，但不确定该如何操作。

一天，他在与一位同事讨论这个问题时，突然灵光一现：如果他能利用 AI 为每位员工制订一份"任务之旅"，会怎样呢？他可以用 AI 为每位员工设定特定的目标和任务，同时提供针对任务进展的个性化指导和反馈。

马克立即着手创建这个系统。他利用 AI 为每位员工指定任务并提供量身定制的反馈。此外，他还运用 AI 分析员工情绪，并适时表彰员工的成就。

效果立竿见影，而且令人印象深刻。员工在工作中感觉更加投入和充满动力，生产力飞速提升。马克也发现，他的团队士气有所提高，因为员工们觉得自己更有实力和价值了。

最大的受益者还是公司。借助 AI 驱动的自动化程序和即时指导，马克成功打造了一个高效且成效显著的团队。其团队的利润猛增，公司的声誉也得以迅速传播。

马克找到了解决问题的完美策略。通过 AI 驱动的任务之旅，他不仅创造了一支专注且积极的员工队伍，还提高了公司的生产力和利润。

真是太棒了！现在，让我们更深入地探讨那些通常被认为面临 AI 威胁某些特定职业，它们在未来可能会如何发展。

全新销售时代

丹尼尔·平克（Daniel Pink）① 曾撰写了一本《纽约时报》畅销书《全新销售》。将计算机视为销售人员令人难以想象，比如 AI 如何通过指出你和它上过同一所学校，或分享关于抚养孩子的有趣故事来建立融洽关系？

然而，我可以轻松地想象 GPT-4 等工具将如何提升人类销售人员的能力。优秀的销售人员会投入时间深入了解潜在客户，并尽可能根据他们的特定需求定制展示方案，使客户更容易看到产品在满足其需求方面的优势。

现在让我们来看看 GPT-4 的观点。

---

① 平克是"全球 50 位具影响力的思想家"之一、趋势专家，他在《全新思维》一书中提出的 6 大全新思维能力，为我们指明了走上未来之路的关键所在；他在《全新销售》一书中重新定义了销售：把传统的针对"问题"的销售变成了针对"人"的销售，把商品从"解决问题的产品"变成了"让人满意的服务"；他在《驱动力》一书中则详细阐释了在奖励与惩罚都已失效的当下，如何焕发人们的热情，是对当前传统有关人类积极性理论的颠覆之作。这三本书的中文简体字版均已由湛庐引进，由浙江人民出版社出版。——编者注

霍夫曼： AI 工具将如何改变销售行业？请阐述销售漏斗 ① 中的关键动作，如挖掘潜在客户、筛选线索、向客户展示、达成交易以及帮助满足需求。

GPT-4：AI 工具有可能在多个方面改变销售行业。

首先，AI 驱动的自动化销售流程可以大幅提升销售成果和效率。AI 工具能帮助销售人员轻松识别潜在线索、确认潜在客户产生购买的可能性，以及对成功达成交易的可能性进行优先级排序。此外，AI 驱动的自动化还能帮助销售人员快速制订符合客户需求和喜好的吸引人的销售展示策略。

其次，AI 驱动的客户洞察不仅可以用来更好地了解客户行为、需求和喜好，以制订更佳的销售策略和手段，还可以用于个性化销售方案和更精准的客户细分。

最后，AI 驱动的工具可通过提供对客户情感的及时洞察，帮助销售人员确定最佳沟通时机并快速有效地达成交易；同时，它还能在交易结束后，通过预测客户需求并主动提供有益信息来帮助销售人员实现客户需求的满足。

这与我的经验相吻合。分析和筛选潜在客户、了解客户的行为和需求、提供定制化的销售建议、及时洞察客户情绪以及在交易结束后主动联系客户都是非常耗时的工作。这就是为什么只有最优秀、最敬业的人类销售人员才能在这些方面做得好。

---

① 销售漏斗是一种以客户为中心的营销模型，它说明了理论上的客户购买商品或服务的过程，比如由粗到细可以分别是挖掘潜在客户、向客户展示、达成交易等。——编者注

例如，如果我希望最大化销售成功率，我会在领英上查找潜在客户并剖析其个人资料。同时，我还会深入研究他们在非商业社交媒体上的动态，以掌握其兴趣、爱好和所关注的话题。在制订销售展示策略时，我会结合他们过去及未来可能用到的产品进行定制。说句题外话，我的一项 AI 投资——Tome[①] 已经能轻松制作出出色的演示文稿了！此外，我会关注他们所在公司的新闻动态，以便了解可能影响其购买决策的因素。在达成交易后，我会密切关注他们对产品的使用情况，进而提供更多的价值和解决方案。

显然，人工为每位客户提供这样的服务无疑耗时耗力。

许多人类销售人员更愿意采取"快速周转"的策略，将销售视为一场"数量游戏"。这在创业公司中尤为明显，因为他们的产品和市场尚不成熟，难以形成简易且可复制的销售流程。

AI 驱动的销售或许能促成两者的最佳结合，它可以承担大部分人类销售人员忽视的烦琐工作，从而使他们能够专注于 AI 所无法胜任的任务，如与客户建立联系、捕捉销售过程中的情感线索等。

到目前为止，销售人员似乎受益颇多。但其中是否存在潜在弊端呢？

霍夫曼： AI 工具将如何对人类销售人员的职业生涯带来负面影响？

GPT-4：AI 工具很可能对人类销售人员的职业生涯产生重大且直接的负面影响。首先，AI 驱动的自动化销售流程将减少对人类销售人员执

---

① 一家人工智能公司，专注于演示文稿制作软件领域。——编者注

行某些任务的需求，如发掘和进一步确认潜在客户、创建演示文稿和达成交易。AI 驱动的自动化销售流程很可能导致执行这些任务所需的人类销售人员数量减少。

其次，AI 驱动的客户洞察不仅会减少人类销售人员分析客户数据和制订客户细分策略的需求，还可能导致人类销售人员利用其洞察力和专业知识为销售策略提供资讯的机会减少。

最后，AI 驱动的工具可能使客户在没有人类销售人员的帮助下更容易找到满足需求的解决方案。这可能减少客户对人类销售人员服务的依赖，从而降低销售人员与客户互动和达成交易的机会。

GPT-4 在此毫无保留地表达了自己观点。如今，许多企业的销售人员都是从业务代表（BDR）做起的。这些刚入行的业务代表通过外拨电话、电子邮件以及领英进行"电话营销"。尽管这份工作乏味，但它仍然是工作，而且在这方面表现优秀的人通常会晋升到正式的销售岗位。

AI 将通过为人类业务代表提供潜在客户的个性化信息来提高其工作效率，但由于买方资金有限，此举很可能会减少就业机会。尽管这一结果对整个社会来说更有利——因为糟糕的销售电话浪费了所有参与者的时间，但它确实会减少这个行业的整体就业人数。

我相信未来销售行业将会整体萎缩，但同时，个别销售人员的生产力和报酬则可能会上升。AI 驱动的销售质量提升意味着那些积极采用这些工具的公司将击败那些没有采用这些工具的竞争对手。

以 AI 提升律师的职业生涯

我对 AI 如何会影响律师行业的兴趣源于我的家庭。我的父母都是执业律师，从小我就对这个职业有直接的了解，所以我对 AI 可能如何改变这个行业充满了好奇心。

霍夫曼： AI 处理法律任务的能力在哪些方面可能优于人类律师？哪些法律任务最容易通过 AI 实现自动化？ AI 在哪些法律任务中可能胜过人类律师？

GPT-4：AI 更擅长完成需要快速准确分析与整理大量数据和信息的任务。AI 能迅速检索大数据集，识别任务模式和当前趋势，以及从数据中得出结论。AI 能自动化完成一些基础法律任务，如文档审查和合同审查，这些任务对人类律师来说可能烦琐且耗时。此外，AI 还可能在掌握某些事实和证据后预测法律案件的结果。在需要精确、技术性分析的任务上，如专利检索或财务分析，AI 同样表现优越。

我认为 AI 在进行专利检索、深入研究发现数据或审查冗长且枯燥合同中的隐患方面，可能比人类职员和律师助手的工作表现更好。在聘请昂贵的外部专家之前，利用 AI 也许是一个很好的选择，同时也可能提高律师对这类专家的利用效果。

现在我们来探讨积极的一面。

霍夫曼： 在法律实践中应用 AI 将对现有律师的职业前景产生何种积极影响？律师应采取哪些措施利用 AI 提升自己的职业生涯成就？

135

GPT-4：在法律实践中应用 AI 可能为律师带来更多的工作机会，因为 AI 技术可以自动化处理某些日常任务，使律师能更多地关注复杂且富有挑战性的法律领域。律师还可以利用 AI 在大量数据和信息中快速搜索的能力来加深对法律的理解。律师还可以利用 AI 更好地了解某些案件的法律意义，并为法律问题提供创新性解决方案。律师应该不断了解 AI 技术的最新进展及其在法律实践中的应用，以保持领先地位。

在我的个人经验中，实际的法律实践过程比电视节目或电影中展示的要更烦琐、枯燥且注重细节。**在陪审团面前发表雄辩演说的情况相对较少，而阅读成千上万页写得糟糕的文件却很常见。**AI 在前者方面表现不佳，但在后者方面却非常出色。

AI 不仅有可能改变我们目前处理基础法律工作的方式，还可能提高这一职业的幸福感。我想没有哪位人类律师真正喜欢阅读成千上万份几乎相同的合同，无论他的薪酬有多高！

岌岌可危的管理顾问

尽管科技行业对管理顾问的怀疑态度一直存在，但我在麦肯锡等公司与许多聪明且正直的专业人士合作过，我坚信管理顾问在商业领域能发挥重要作用。当然，在少于 100 名员工的初创企业中很少有他们的影子。

管理顾问往往需要从海量数据中提炼结论，对最佳实践进行基准测试和分享，并规划新业务部门的成立与发展。大量此类任务似乎非常适合应用 AI 进行处理。

现在，让我们来探讨这个直观判断是否正确。

霍夫曼：AI 能在哪些方面实现管理顾问的关键功能？

GPT-4：
- AI 可以通过分析数据集并推荐战略与手段来帮助管理顾问找到提升效率和降低成本的方法。
- AI 可以协助进行预测和预测性分析，以更准确地预见市场趋势、客户行为和其他经济情况。
- AI 可以从客户反馈和员工调查中生成有价值的见解，让管理顾问的工作更具针对性和成效。
- AI 可以搜集和分析竞争对手及行业趋势的相关数据，以帮助管理顾问发现可以改进和实现增长的新方向。
- AI 可以自动化并加速策略制订和执行的过程，使管理顾问的工作更加高效和精确。

GPT-4 在此强调了分析数据和得出结论的重要性，这是合理的，这也正是贝恩咨询公司、波士顿咨询公司及其同行所擅长的。但是，若 **AI** 进行大量的分析，那么人类顾问将面临何种境地？

霍夫曼：管理咨询行业采用 AI 工具可能会给现有管理顾问的职业前景带来哪些负面影响？请通过举例来说明这些变化对初级分析师和助理、中级职务的项目经理以及像麦肯锡合伙人这样的高层管理者的影响。

GPT-4：在管理咨询行业引入 AI 很可能会对现有管理顾问的职业前景产生负面影响。初级分析师和助理可能受影响最大，因为他们负责的许多任务都能由 AI 自动化完成，如初步研究、数据分析和报告撰写。随着 AI 工具变得越来越成熟，这些职位可能会变得多余，从而导致这些人的就业机会减少。

中级项目经理也可能受到 AI 的冲击。AI 工具可能实现制订和执行战略的自动化，使项目经理的作用变得不那么重要。随着 AI 工具在执行这些任务上的能力的不断增强，项目经理在为客户提供见解和建议的角色也可能被 AI 工具替代。

甚至像麦肯锡合伙人这样的高管也可能受到 AI 的影响。AI 工具可能实现决策和战略执行的自动化，从而使合伙人的角色变得不再关键。此外，AI 工具可能为客户生成有价值的见解和建议，从而降低他们对这些高管的专业知识的依赖。

这些答案似乎合理。许多初级分析师和助理所完成的基础性工作，如大量网络搜索和制作演示文稿，其实可以由 GPT-4 和 Tome 等工具来完成。而且，如果客户需要聘请管理咨询公司以获取对某一主题的传统观点，那为何不利用 AI 来对源数据进行全面的梳理呢？

那些无法在这些标准化活动之外创造价值的管理顾问将受到冲击。一家管理咨询公司不可能让年轻的分析师和助理动动手指操作 AI 工具，就向客户收取数倍于这些分析师和助理的工资的咨询费。但是，那些能够利用 AI 解放出的时间专注于提供更多非传统见解的管理顾问，可以将更多的精力投入这些高价值活动中，并在 AI 的协助下为客户提供更优质的服务。

一个潜在的问题是，如果管理咨询公司不再聘请众多大学和商学院聪明的毕业生来承担管理咨询的基本工作，那么下一代合伙人该如何习得专业技能？我们来看看 AI 是否能够解决这一难题。

霍夫曼：在未来，当初级分析师和助理未能通过承担已被 AI 所取代的研究和分析任务来学习他们的专业技能时，管理咨询公司将如何利用 AI 来培训并提升这些年轻顾问的技能？

GPT-4：在未来，管理咨询公司有可能借助 AI 来培训和提升初级分析师和助理的技能。AI 工具能够模拟真实世界的场景，并为年轻顾问提供虚拟的培训辅导，帮助他们提升技能并在使用 AI 方面积累经验。此外，AI 工具还可以为年轻顾问量身定制学习计划，使他们能够专注于最需要发展的领域。

咨询公司还可以利用 AI 为初级分析师和助理提供虚拟导师项目。AI 工具能为年轻顾问提供个性化的建议和指导，帮助他们习得在职位中取得成功所需的技能和知识。此外，咨询公司可以使用 AI 促进经验丰富的顾问与初级分析师和助理之间的知识与见解交流，使年轻顾问能够向更有经验的同事学习。

我很喜欢利用 AI 驱动的模拟场景来培养未来专业人士的概念，因为许多年轻的从业者都在抱怨学习机会和导师指导不足。尽管 AI 在这些方面的应用可能还需要一定的改进，但它或许能够解决这些普遍存在的问题。

在本章的结尾，我想也许可以请 GPT-4 帮助我完成一些工作。让我们在 GPT-4 的协助下结束本章。

霍夫曼：请为本章写一份 200 字的总结。

GPT-4：

贯穿本章的一个共同主题是，AI 可能会对某些职业产生更大的颠覆性影响，但它带来的积极变革潜力巨大。在销售等领域，AI 可能导致整体就业岗位减少，但同时也使剩余的专业人士更具生产力和效率。在法律等其他领域，AI 则可能会提高整个行业的幸福感和满意度。

　　虽然意识到 AI 可能会颠覆传统职业道路这一点很重要，但也要记住，AI 可以为发展和进步创造新的机会。随着我们进入一个 AI 工具成为正常工作流程中的核心部分的未来，专业人士有必要抓住 AI 带来的机会，以实现更高的生产力和更有意义的工作。

IMPROMPTU

AMPLIFYING OUR HUMANITY THROUGH AI

07

—

GPT-4 在我工作中的 3 种运用

AI 不仅可以放大个人的努力，
还可以扩大整个网络的影响力，
从而加速很多我所支持的组织的发展。

———

AI can amplify individual human efforts,
it can also amplify network impact,
accelerating the progress of many of
the organizations I support.

就像我希望 GPT-4 和其他类似技术能改变工作世界一样，我也希望它们能改变我的工作方式。我有幸尝试使用了 GPT-4 几个月，虽然知道自己目前的学习曲线还很陡峭，但我相信自己已经积累了足够的经验来分享一些如何有效运用这些工具的建议。

当革命性的技术问世时，大多数人倾向于将其当作现有技术或方法的替代品来应用。这种做法表面上看起来是明智的，因为它可以最大限度地减少开始使用新技术所需的时间和精力，但这实际上是一个误区：**新技术很少能完全取代旧技术。**

早期的互联网，像雅虎这样的创新性应用就像是在线电话簿。目录是我们获取信息的方式，因此，看似合乎逻辑的第一步就是创建一个在线目录。然而，随着时间的推移，我们发现更好的方法是创建一个全新的工具：搜索引擎。

目前，我们正处于利用大语言模型的在线电话簿阶段。虽然大语言模型不太可能在许多应用场景中直接取代搜索引擎，但它将为人们提供收集相关且有价值的信息的新方式。

在尝试将 GPT-4 应用于工作中时，我发现了以下三个关键原则。

原则 1：将 GPT-4 视为本科生水平的研究助手，而非无所不知的预言家。

如果你曾与本科生水平的研究助手共事（或者你在大学时就是一名研究助手），你会明白这样的助手既具有强大之处，也具有局限性。

在某些方面，GPT-4 远超任何人类研究助手：它具有极为广泛的知识体系，反应迅速，并且随时可用（而不像人类助手需要备考期中考试）。

然而，它也具备许多其他人类研究助手的缺陷：它并非专家，对某些特定领域的了解相当肤浅，且容易出错。实际上，当它出错时，它的表现比人类研究助手更糟糕，因为人类通常会在不确定信息质量时提出警告。

尽管存在这些缺陷，但它赋予每个人的即时、高度匹配的研究帮助的能力确实令人瞩目，我们需要做的只是确保将结果与更深层次的资源和真正的人类专家进行交叉验证。

原则 2：把自己当作导演，而非木匠。

在使用工具时，我们习惯于把它们当作自己的延伸。木匠挥动锤子，就离建成房子又近了一步。他或她知道每次挥动锤子会产生什么效果，并相应地进行操作。

当谈到 GPT-4 等工具时，这个比喻便不再成立。不同于操控实体工具以产生可预测且有计划的成果，使用 GPT-4 更像是导演一部电影中的某个场景。

作为导演，你需要与演员合作，以获得最好的表演效果。你不会对他们说："把你的脖子弯曲 15 度，2.5 秒后看向对面的人。"相反，你会要求他们传递特定的情感："让我们相信你正在陷入爱河。"

虽然 GPT-4 不是真实的演员，但指导它的过程却与导演极为相似。想要引导它实现期望的效果，你可能需要尝试多种提示，就像导演可能要拍摄同一场景的多个镜头一样。归根结底，这是一个合作的过程。

原则 3：勇敢尝试！

在大部分工作中，我们习惯于提前计划，力求避免失误。这是因为执行计划在时间和其他资源上都耗费巨大，"三思而后行"的说法指的就是这种情况。

但如果实施计划比思考它更加省时省力呢？

这正是 GPT-4 及大语言模型令人费解的悖论所在。在比讨论制订计划更短的时间里，GPT-4 能为你生成一个完整的回应供你审阅。如果你对回应不满意，可以直接丢弃并尝试生成另一个，或者一次性生成多个版本，获得更多选择。

例如，在面对一项重大任务时，我已经养成了尝试使用简单提示的习惯。

就像开始撰写这一章一样。

霍夫曼：以投资者、作者和慈善家里德·霍夫曼为例，探讨他如何运用大语言模型提升工作效能及成果。

GPT-4：

· 自动化研究：大语言模型可以用于快速、准确地搜索和查找相关信息。霍夫曼可以利用这项技术快速定位对他的投资和慈善事业有用的研究和数据。

· 自动化内容创建：大语言模型可用于生成文章和报告等内容，为霍夫曼节省研究和写作所需的时间和精力。

· 自动化分析：大语言模型可以用于快速、准确地分析大量数据，使霍夫曼能够做出更好、更快的决策。

· 自动化通信：大语言模型可用于自动化通信任务，如回复电子邮件、安排会议，使霍夫曼将时间分配给更重要的任务。

· 自动化投资决策：大语言模型可用于根据复杂的数据和算法做出投资决策，使霍夫曼能够快速做出更明智的决策。

和前面一样，GPT-4 为我们提供了一些引人深思的观点。

研究与分析无疑是 GPT-4 的强项，因为它几乎囊括了截至 2021 年的所有网络信息。与人类相比，它的知识面覆盖更加广泛，而未来的工具可能会比它更为全面。

作为快速生成初稿的方式，自动化内容创作颇具吸引力，但我对其在重要写作中能独立完成任务的说法表示怀疑，至少就我的工作而言是这样。我仍需要审查并完善它生成的任何文章或报告。即使这样，它还是大大提高了我的工作效率。

对于其他建议，例如自动化通信，我更多持怀疑态度。人们通常会通过邮件向我寻求介绍和决策，而我还不准备让 AI 接管这些功能。

在投资决策方面，尽管 AI 可以通过激发思考和帮助我考虑所有潜在数据点来使我做出更明智的投资决策，但将此过程称为"自动化投资决策"似乎过于牵强。

尽管存在这些小问题，但 GPT-4 通过生成合理的分类，为我的深入研究提供指引，帮助我完成了这一章内容的写作。由于我们已经在第 6 章探讨了商业领域的工作变革，接下来我们的关注点将转向作家 / 创作者和慈善家的工作。

那么 AI 将如何改变这些非商业领域呢？

我的写作之旅

那些一直关注我的职业生涯的人都了解，我最初并非立志要成为企业家。从斯坦福大学毕业时，我的计划是成为一位教授。我渴望给社会带来积极影响，认为投入学术生涯、深入思考并通过写作影响他人是最佳的方式。

然而，在研究生院的几个月经历让我意识到，为了成为成功的学者，我需要专注于一个高度专业化的主题，我的作品的受众最多也只是几十位学术同行，对社会的实际运作影响有限。于是，我决定将注意力转向商业领域。

尽管如此，我对深入研究问题并影响他人的愿望从未改变。最终，我的商业成就为我创造了一个环境，让我得以重新回归最初的计划。得益于领英、Facebook 和 Medium 等社交媒体平台，互联网已成为全球"城市广场"，覆盖数十亿人群。此外，作为企业家和投资者取得的成功使我能够通过文章、书籍和播客把我的理念传播给受众。

现在，让我们看看能否运用 GPT-4 创作一篇具有现实价值的"里德·霍夫曼"风格的文章。

霍夫曼：请以里德·霍夫曼的风格撰写一篇不少于 400 字的文章，以具体的公司和企业家在该地区采取的实际举措为例，阐述闪电式扩张（Blitzscaling）理念在撒哈拉以南非洲地区的差异，以及该地区的企业家需要了解哪些信息以成功实施闪电式扩张战略。

GPT-4：（长度有删减）闪电式扩张作为一个相对较新的商业战略，正被全球许多创业公司和企业所采纳。这一策略的基础是在争夺有价值的赢家通吃市场时，优先追求速度而非效率。尽管这一策略在众多情境下都可能有效，但在撒哈拉以南非洲地区尤为实用，因为该地区的商业环境正在迅速演变。在这一地区，创业者需要了解闪电式扩张带来的特殊挑战和机遇，理解如何根据特定市场需求来实施此战略。

撒哈拉以南非洲地区的创业者最大的优势之一就是能在瞬息万变的市场中迅速站稳脚跟，闪电式扩张战略在这方面发挥了重要作用。这个地区的经济情况波动较大，企业难以在短时间内取得稳固地位。然而，闪电式扩张战略使企业能迅速扩大市场份额，并在与行动缓慢的对手竞

争时取得优势。要成功实施闪电式扩张战略，这个地区的创业者需敢于
承担可控风险并快速采取行动。

以肯尼亚的初创公司 M-Kopa Solar 为例，它成功运用了闪电式扩
张战略，成为太阳能领域的佼佼者。M-Kopa Solar 迅速洞察到这一新
技术的潜力，利用移动支付平台，快速扩展业务，占领了市场的重要份
额。另外，该公司通过推出新的支付选项和服务，迅速适应不断变化的
客户需求。

尽管闪电式扩张战略有很多优点，但它对撒哈拉以南非洲地区的创
业者来说也存在一定的风险。例如，该地区市场竞争激烈，企业难以在
长期内保持市场份额占比。此外，闪电式扩张可能导致企业对客户缺乏
关注，从而影响客户忠诚度，长期来看无法留住客户。因此，这个地区
的创业者必须认识到这些风险，并采取应对措施。

为了在撒哈拉以南非洲地区成功实施闪电式扩张战略，创业者需要
敢于承担可控风险并迅速行动。这意味着它们要深入了解该地区的市
场和竞争格局。此外，创业者应乐于投资最新的技术和平台，以取得竞
争优势。创业者还需要随时调整策略，以应对市场趋势和客户需求的
变化。

这个回应考虑到了闪电式扩张战略的实际定义，还包含了 M-Kopa Solar
的案例，这对我来说颇具价值，因为我以前从未了解过这家公司。但回应中
也有部分建议具有广泛适用性，与闪电式扩张战略并无直接关联，如多次提
到投资最新技术和平台，以及迅速适应市场变化的趋势。

现在，我们来深入探究一下 GPT-4 作为研究助手的价值。

霍夫曼：请给出不少于 5 个撒哈拉以南非洲地区公司和企业家采取的

实际行动的具体例子，以解释闪电式扩张的核心理念（即在有价值的赢家通吃市场中，优先追求速度而非效率）如何在该地区得到应用。

GPT-4：

- 肯尼亚创业公司 M-Kopa Solar 利用闪电式扩张战略成为太阳能领域的领导者。M-Kopa Solar 认识到这项新技术的潜力并利用移动支付平台，迅速扩大业务并占据市场的大部分份额。
- 南非 Naspers 公司运用闪电式扩张战略成为科技行业的重要构成部分。Naspers 能够快速发现科技领域的新兴趋势，并给有望获得成功的企业投资。
- 尼日利亚电商平台 Jumia 利用闪电式扩张战略在网络零售市场占据了大量份额。Jumia 通过迅速适应消费者需求的变化扩张业务并在竞争中取得优势。
- 加纳创业公司 Hubtel 利用闪电式扩张战略成为移动支付领域的领导者。Hubtel 因为迅速认识到移动支付平台的潜力并大力投资这项技术，成功占据市场的大部分份额。
- 肯尼亚医疗服务提供商 E-Health Africa 运用闪电式扩张战略成为医疗领域的主要参与者。E-Health Africa 通过快速采纳新技术并利用现有基础设施，拓展其服务范围并在竞争中占据优势。

尽管我之前了解过 Naspers 和 Jumia，但 M-Kopa Solar、Hubtel 以及 E-Health Africa（实际上我认为是 eHealth Africa）对我来说都是崭新的。

霍夫曼：写一篇不少于 200 字的文章，用具体的例子解释肯尼亚初创公司 M-Kopa Solar 如何成功地将闪电式扩张的核心理念应用到他们的业务中，包括在有价值的赢家通吃市场中将速度置于效率之上。

GPT-4：肯尼亚新兴企业 M-Kopa Solar 成功地将闪电式扩张的核心理念运用到自身业务中，从而在竞争激烈的市场中取得胜利。该公司迅速洞察到太阳能的潜力，并借助移动支付平台实现业务的快速扩张，进而占领了市场的主导地位。

M-Kopa Solar 能够敏锐地把握该地区市场动态的转变，推出创新的付费方案和服务。例如，该公司引入了一种"按需付费"的制度，使客户可以分期付款购买太阳能。这一新兴制度使客户能够以低廉的价格使用太阳能，同时也使得 M-Kopa Solar 能够迅速扩大业务规模。

此外，M-Kopa Solar 能够通过推出新的支付选项和服务，迅速适应客户需求的变化。该公司利用现有基础设施，如移动支付平台，让客户可以通过手机购买太阳能。这使得 M-Kopa Solar 在市场上占据了较大份额，因为客户更青睐于便捷的移动支付。

再者，M-Kopa Solar 能够运用最新科技手段，获得竞争优势。例如，该公司是最早采用 AI 预测客户需求并提升客户服务水平的企业之一。这使 M-Kopa Solar 能够提前预见客户需求，抢占市场机遇，领先于其他竞争者。

总之，M-Kopa Solar 成功地运用了闪电式扩张的核心理念，赢得了有价值的赢者通吃市场。公司能够迅速洞察太阳能的潜力，并借助移动支付平台实现业务的快速扩张。此外，M-Kopa Solar 能够迅速适应客户需求的变化，并运用最新科技手段赢得竞争优势。

迄今为止，这是 GPT-4 给出的最有用的回应，其中有丰富的细节。然而，这篇回答仍需进行事实核查。例如，在网上进行简单搜索后，我们并未找到有关 M-Kopa Solar 在客户服务方面运用 AI 的相关文章。

正如一些读者了解到的，我还主持了一档名为《规模大师》的播客节目，其中探讨了帮助初创企业发展成全球品牌的战略以及让领导者保持竞争力所需的成长思维。现在，让我们看看 GPT-4 是如何帮助我和制片人为一位真正的创业大师——旅行搜索引擎 Kayak 的联合创始人保罗·英格利希（Paul English）的采访做准备的。

> **霍夫曼：**请为播客节目《规模大师》的主持人里德·霍夫曼准备一系列问题，以便向其嘉宾旅行搜索引擎 Kayak 的联合创始人保罗·英格利希发问。这些问题应强调招聘的重要性，并引出保罗在招聘方面的一些宝贵经验。

> GPT-4：
> · 在担任 Kayak 联合创始人期间，你在招聘方面学到的最重要的教训是什么？
> · 在发展 Kayak 的过程中，你如何始终将招聘工作放在首要位置？
> · 你采用了哪些策略来吸引顶尖人才？
> · 你认为在挑选合适人选方面最为关键的因素是什么？
> · 你对于其他创业者在打造强大团队方面有何建议？
> · 你如何在 Kayak 建立健康的企业文化？
> · 你使用了哪些方法来确保为适当职位招聘合适的人选？
> · 多年来，你如何看待招聘的变化？
> · 在 Kayak 还是初创公司时与它成为一家知名公司后，你在招聘方面有哪些不同的做法？
> · 你对于创业者控制招聘成本有何建议？

这是一组很好的问题！尽管其中一些问题相当笼统，但没关系，因为这些问题的目的是让保罗有机会展现他作为一个讲述者和导师的才华。

也许我们可以利用 GPT-4 以另一种方式来帮助我们实现这一目标。

霍夫曼：请概述关于旅行搜索引擎 Kayak 的联合创始人保罗·英格利希及其作为企业家的工作中的至少三个最具代表性和（或）最有趣的故事。

GPT-4：

· 2004 年，保罗·英格利希与他人联合创立了 Kayak，仅用 6 年时间，它就成长为全球第二大旅行网站。他因使用开源技术和雇用愿意为股权而非薪酬工作的工程师来降低公司成本而声名远扬。

· 保罗倡导提升客户体验，他以亲自回复客户邮件而被大众熟知。他在招聘方面的创新性做法也广为人知，包括创建内部孵化器并偏重依赖推荐。

· 保罗是一位连续创业者，在创立 Kayak 之前，他还与他人联合创立了其他几家公司，包括博客平台猫途鹰（TripAdvisor）。他还因慷慨捐赠数百万美元用于发展各种事业而闻名。

这些都是很好的故事，其中最为知名的当数保罗亲自回复客户邮件的做法。但是，正如我们之前所看到的，你必须对 GPT-4 的断言进行事实核查。保罗并没有创立猫途鹰，它也不是一个博客平台。而且据我所知，GPT-4 提到的内部孵化器实际上是 Blade，这是保罗在 Kayak 被 Priceline 收购后参与创立的一个独立孵化器。

尽管存在这些问题，我仍然相信大语言模型能为播客制作过程带来更快的速度，有助于提高我们的生产力。

慈善事业

我深信"蜘蛛侠伦理"的核心原则:"能力越强,责任越大。"商业上的成功赋予了我力量和资源,我深感自己有责任运用这些资源、技能和经验产生积极影响。

正如我在科技领域的创业中所做的那样,我在慈善事业上也采用了网络化的方式。我的目标不仅是捐款并在大理石建筑上留下印刻的名字,更重要的是赋能并扩大那些为构建更美好的世界努力的人们所组成的网络。

我相信,AI 不仅可以放大个人的努力,还可以扩大整个网络的影响力,从而加速很多我所支持的组织的发展。下面我们来看一些例子,感受一下AI 将如何改变慈善领域。

Endeavor 公司:通过 AI 自动化与简化日常工作

Endeavor 致力于在全球新兴市场和欠发达市场建立繁荣的创业生态系统。这是一个充满活力、由高影响力创业者组成并为他们服务的网络。我很荣幸能应琳达·罗滕贝格(Linda Rottenberg)的邀请担任董事会成员以及 Endeavor Catalyst(Endeavor 的共同投资基金)的主席。我们已经影响了全球数以千计的创业者。

霍夫曼:Endeavor Global(一个全球性的创业社区)及其投资组合公司如何运用大语言模型更迅速、更有效地在全球新兴市场和欠发达市场建立繁荣的创业生态系统?

GPT-4：

- 制定推动创业生态系统发展的新思路和策略：大语言模型可帮助识别新的机遇、模式和策略，以加速地方生态系统的发展。AI 可助力寻找潜在合作伙伴、资金来源、新政策倡议以及其他可支持创业者的资源。

- 推出创新且独特的产品和服务：大语言模型可协助 Endeavor Global 及其投资组合公司为新兴市场和欠发达市场的创业者量身打造并推出新产品和服务。AI 可分析这些市场的数据，发现市场空白，并提出可填补这些空白的新产品和服务建议。

- 自动化数据分析和报告：大语言模型可实现自动化收集和分析本地创业生态系统的数据。这将有助于 Endeavor Global 及其投资组合公司迅速评估特定市场的状况，并发现可用于指导决策和战略的趋势。

- 精简运营流程：大语言模型可简化运营流程，例如客户入驻、客户服务及其他行政事务。这将有助于 Endeavor Global 及其投资组合公司降低运营成本、提高效率。

GPT-4 的建议主要分为两个方面。一方面，AI 可以收集市场数据并协助产生创意。这将为人类提供即时的建议以激发创造力，并在可能存在疏漏的情况下使创意更全面。另一方面，AI 可以帮助自动化和简化日常工作，使人类能够专注于更具创造性的任务。

对于 Endeavor 来说，自动化和简化日常工作在近期内可能更为重要。例如，Endeavor 致力于支持公司发展。Endeavor 的员工可以利用 AI 将初创企业的相关英文资料翻译成创业者的母语（当然，必须有一个熟悉翻译的人类来检查翻译结果的准确性）。

另一种形式的支持是使新兴初创公司与 Endeavor 网络中的其他公司建立联系。AI 可以立即从网络中为初创公司推荐潜在的客户和合作伙伴。即使只有少数建议具有实际价值，这仍然具有巨大潜力，而这不是通过谷歌就能实现的。

在所有这些活动中，人类将始终扮演主导角色，AI 可以成为有益的辅助。最终，我们甚至不会特别关注与 AI 合作的企业家，他们在我们眼里将只是普通的企业家。

此外，GPT-4 未提及的一个方面——AI 作为讲故事的工具，也将对企业家大有帮助。

每位企业家都需要讲述一个引人入胜的故事，阐述其创业公司如何创造一个更美好的未来。这一未来愿景对潜在投资者、员工、购买者和合作者而言越真实、越具体，创业公司吸引所需资本、人才、客户和合作伙伴的可能性就越大。

过去，企业家经常受到他们的表述能力和技巧的限制，但借助 GPT-4 和 Tome（格雷洛克风险投资公司投资的一个 PPT 制作技术服务商）等工具，AI 可以帮助企业家书写和阐述想法，让最佳创意脱颖而出。尽管它们可能仍需要人类作家或设计师来优化展示，但创业的起点将变得更容易、更快捷。

我在 2023 年 5 月的 Endeavor Catalyst 活动上会继续深入探讨这个问题。

机会 @ 工作，让变革走向更有意义的阶段

几乎所有经济学家都一致认为，获得学士学位是人们可以做出的最佳经济投资之一。然而，除重视大学学位之外，一个不幸的现象是，越来越多没有学士学位的人会被提前排除在众多岗位的考虑范围之外，即使他们具备胜任这些工作的技能。

这对数百万求职者而言极不公平，同时也使得雇主错失了一些有才华的职员。这对我们的经济和社会发展都是不利的。上大学、筹集资金和完成学业的机会并不是均等的。地理位置、贫困、家庭责任、课程与工作时间冲突及许多其他因素阻碍了很多有抱负且有能力的人获得大学学位。受影响的群体往往是非裔美国人和西班牙裔、乡村居民以及有着不同种族背景和族群背景的退伍军人。

机会 @ 工作（Opportunity@Work）通过提供商业案例、将技能数据可视化以及提供工具来解决这种不公平现象和被低估的人才问题，打破"纸质天花板"，使"有能力胜任这份工作的人都能获得这份工作"。它将科技行业雇主组成的网络与美国 50% 的通过替代途径（例如社区大学、劳动力培训、训练营、证书课程、军事服务或在低薪但非低技能的一线岗位上）掌握技能的劳动者（STARs）联系起来。此外，它还能帮助雇主发现那些"途径"、"路径"或"课程"，因为它们所需的熟练技术人员与这些课程学习者的技能相匹配。

接下来，我们来探讨 AI 如何协助机会 @ 工作实现其重要且有意义的使命。

霍夫曼： 机会 @ 工作如何运用 AI 帮助更多科技行业雇主聘请那些没有大学学位但通过其他途径掌握技能的员工？

GPT-4：AI 能通过分析招聘广告、简历和其他招聘资料中的数据，帮助机会 @ 工作筛选出那些没有大学学位但具备某一职位所需技能和经验的潜在候选人。接着，AI 可以分析搜集到的数据，为雇主提供关于某一职位最受欢迎的技能和素质的见解，让雇主更容易从非传统途径挖掘并选拔人才。AI 也能协助雇主评估潜在候选人的资格，做出更明智的招聘决策。此外，AI 还可生成针对来自非传统途径的候选人的个性化 "应聘广告"，提升他们的知名度，让求职过程更具包容性。

我对 GPT-4 的回答很满意，因为它既关注了如何优化现有流程，例如更好地评估没有大学学位的潜在求职者的资质，同时也关注了结构性改变的需求，如重新编写招聘广告，以更好地吸引技能优先人才。

我同样认为 AI 能够协助 STARs 本身。例如，个人可以要求 GPT-4 考虑他们的背景，并根据匹配程度优先列出一份潜在职位清单。接着，AI 可协助 STARs 撰写求职申请，将他们的技能与职位要求相对应，并阐述他们的背景为何与这个职位相匹配。这对于人们从一个领域向另一个领域 "转换" 尤为有益，例如解释军事服务经验如何与特定民间职位相关，或是说明一个高效客户支持代表的技能如何与高薪企业销售职位所需技能紧密相连。

我参与的一些非营利性组织在核心工作中运用了 AI，在 AI 未来发展的大潮中，它们将以各种各样的方式得到扩展。其中包括地球物种项目（利用 AI 的最新进展推动我们对动物沟通的理解）、人类转型项目（邀请哲学家和艺术家共同探讨 AI 的未来发展）以及斯坦福大学的人本 AI 研究所（HAI）。

我担任董事会成员的新美国智库也将 AI 列为主要研究领域。

AI 将改变我们的社会，因此有必要让各种组织和个人共同努力，确保这场变革尽可能具有积极意义。

投资 AI

此时，AI 作为我投资活动的主要关注点已经不足为奇。我预测在这个十年（2020—2030 年）结束之前，我们将看到数十家估值超过 100 亿美元的公司（收购价格或 IPO 估值超过 100 亿美元），作为格雷洛克风险投资公司的投资者，我投资了许多利用 AI 研发突破性产品的公司。

这些投资主要分为两类。

第一类是提升人类工作效能的产品，它们主要是利用 AI 帮助专业人士提高效率和生产力。

- Tome 是一款强大的讲故事工具，能根据你提供的文字生成视觉故事。这不仅能帮助那些需要制作幻灯片的人，Tome 的快速制作还能让你在需要说服他人时随时生成视觉辅助工具。尽管用 Tome 为办公室午餐中的墨西哥食物制作演示文稿可能有些过分，但你确实可以这样做！
- Coda 意识到现代的工作很多涉及共享、半结构化文件，如会议记录。Coda 的模板使得工作系统化变得简单，AI 将使 Coda 文档更加强大，如自动识别会议纪要中需要采取行动的事项并提醒相关负责人。

- Adept 利用 AI 为计算机辅助设计与制造（CAD/CAM）提供更直观、易于使用的界面。即使是非专业工程师的人也能创建图纸，并通过磨床、车床、切割设备和 3D 打印机将其制成实物。
- Nauto：Nauto 并不能替代人类驾驶员，而是利用 AI 识别并提醒驾驶员遇到的潜在危险，确保他们的人身安全。

辅助人类工作的产品利用 AI 自动化处理特定任务和实现某些功能，既可以提供更好的服务，也可以减轻人们完成烦琐任务的负担。

- Cresta：当你拨打客户服务热线时，经历通常是令人不悦和沮丧的。你需要通过层层转接才能找到真人客服接听，而当你真的联系上时，往往也难以得到满意的答复。对于在电话另一端的客服人员来说，情况更糟糕，因为他们往往需要遵循严格的话术。Cresta 的愿景是创造一个无须等待客服接听电话的未来，因为 AI 将可以进行交流、处理常规咨询，并将棘手问题转交给有处理权限和解决能力来协助你的人工客服。
- Nuro：利用 AI 控制自动驾驶的零排放配送车辆，降低配送成本，让街道对人类而言更安全，并改善环境。
- Aurora：由克里斯·厄姆森（Chris Urmson，我称他为"自动驾驶汽车领域的亨利·福特"）创立并领导，主要业务为与汽车和卡车制造商合作为其汽车开发和强化自动驾驶功能。Aurora 的技术已在帮助像联邦快递这样的公司通过自动驾驶汽车运输货物。

第二类，即使不是针对 AI 的投资，如 Entrepreneur First（将联合创始人汇集在一起创办新公司），也将能利用 AI 自动化和简化日常运营。当然，从 Entrepreneur First 走出的公司将受益于类似 Tome、Coda 和 Cresta 的 AI 工具。

显然，我认为 AI 在我的职业生涯和慈善事业方面具有变革性力量。我预期，它将以多种方式帮助我提高效率、生产力和创新能力。我还看到了 AI 帮助我支持的组织扩大影响力的潜力，它可以帮助他们与更广泛的受众建立联系、简化业务流程并发现新的机会。

作为投资者，我深知 AI 驱动的公司有实现巨大成功的潜力。随着世界对 AI 的认可程度越来越深，我正在努力将自己和我的组织置于这场变革的前沿。

我希望你也将为自己和你的事业做同样的努力。

IMPROMPTU

AMPLIFYING OUR HUMANITY THROUGH AI

08

—

当 AI 编造事实

确凿的真理及基本确凿的真理同样存在。

———

There are lots of settled truths (and mostly settled truths)
out there.

2022 年 11 月 30 日，OpenAI 以"研究预览"（research preview）的方式向全球推出 ChatGPT，他们在公司博客中提醒大家："ChatGPT **有时会给出看似合理实则错误或无意义的回答。**"

短短 5 天内，就有 100 万人注册了 ChatGPT 账户。随着用户纷纷分享他们的体验，ChatGPT 的"幻觉"（如错误、虚构及其他算法异常表现）成为社交媒体讨论和新闻报道的热点话题。用户的反馈初步揭示了这款神秘的新型聊天机器人的特点。

以下是一些你可能已经听过或看过的例子和引述：

- 哈佛大学的一位研究员建议，我们应"对它提供的事实性信息进行双重核查"，并始终牢记它仅仅是"一个信息来源"。
- 《连线》杂志的记者质疑，它真的是我们向前迈进的一步，还是只是"向大众散播错误信息的新途径"？
- 当一位知名记者看到它为他编写的传记，猜测他在肯尼迪兄弟暗杀案中的角色时，他指责它为"有缺陷且不负责任的研究工具"。

· 对它持怀疑态度的一名编辑感叹："我们现在可以用比父母找到一支
铅笔还短的时间得到一个错误答案。"

如果这些例子听起来很老旧，那是因为它们确实过时了。上述"它"指
的是维基百科而非 ChatGPT，所有例子均摘自 21 世纪早期的一些文章。

我们还可以举更多例子。在整个 20 世纪 90 年代，它指的是互联网本身。
在当时仍然显赫的传统媒体看门人眼中，互联网的可信度甚至还不如封面印
有希拉里·克林顿和她收养的外星婴儿的照片的《世界新闻周刊》(*Weekly
World News*)。在华盛顿特区的一个宁静的夜晚，你仍然可以听到当年网络
新闻先驱马特·德鲁奇 (Matt Drudge) 在美国国家新闻俱乐部炫耀自己的准
确率约为 80% 时引发的抗议声。

我提到这一切并不是要为大语言模型的性能辩解。在亲身体验 GPT-4
的过程中，我看到它编造了一些关于我的《规模大师》播客的虚假细节。当
我要求它引用消息来源时，它生成了虚假链接。我还注意到，它在一句话中
充满自信地阐述了一个"事实"，紧接着在两句之后，却同样自信地提供了
矛盾的信息，从而无意中驳斥了前面的"事实"。

因此，**我坚信我们应该全力以赴（并且正在努力）让大语言模型尽可能
的精确和可靠**。然而，在朝着这个目标迈进的过程中，我们还应该牢记，人
们对大语言模型的担忧，包括新技术带来的错误和不可预知性所带来的潜在
社会危害，并非新生事物。

人类总是担心，无知和误解会破坏我们在现有技术、权力关系、传统智
慧和价值观中建立的秩序。

就像公元前 370 年左右的苏格拉底的例子。

霍夫曼：请根据柏拉图的《斐德罗篇》（*Phaedrus*）中苏格拉底的观点，编写一些苏格拉底风格的关于书面交流对世界产生负面影响的病毒式推文。

GPT-4：以下是一些可能的病毒式推文。

- 写作是一种危险的发明，它削弱了记忆力，制造了智慧的幻觉。书写仅仅是言语的虚像，而非活生生的灵魂。#三思而后墨
- 书面文字无法替代口头言语。它无法适应不同的受众、语境或目的，无法传达语气、情感或意图，不能纠正、澄清或详述。它是僵化且死板的信件。#发表心声
- 写作是遗忘的形式，而非学习的形式。它使我们依赖外部符号，而非内在回忆。它让我们变得懒惰，而非勤奋。它使我们变得肤浅，而非深刻。它使我们变得无知，而非博学。#铭记于心

毋庸置疑，人们常感受到知识混乱的威胁，这并非无理取闹。正如大量调查与研究印证的那样，人类对事实的把握是薄弱的。而应对这种状况，我们需要的是……一个强大的幻觉制造器？

现在，请允许我分享一些 GPT-4 模拟出的科幻巨匠 H. G. 威尔斯（H. G. Wells）的想法。1938 年，威尔斯提倡建立一种名为"世界大脑"（World Brain）的全球智能工具。

霍夫曼：人们所信赖的信息来源或许并非始终可靠。我们将客观事实和合理推断融入自身观念的能力，也许只能说是尚可。

那么为何要将如 GPT-4 这般强大的幻觉制造器引入这场混战呢？请以 H.G. 威尔斯的口吻回答，参考其著作《世界大脑》，对这项新技术及其为人类提供更多信息的潜能表达支持性意见，最多不超过 150 字。

GPT-4：我曾设想过一个世界大脑，它是一个关于知识与智慧的网络，将连接全人类的思维，提升我们的集体智慧。这样的装置不仅是存储和分发人类学识的丰富宝藏，还能综合分析它们，为我们带来全新的见解与发现。世界大脑将成为一个有生命的、可以成长和自我修正的有机体，不断适应人类面临的变革需求与挑战。

GPT-4 是迈向这一愿景的重要一步。它并非幻觉制造器，而是模拟引擎，可根据训练数据生成关于任何主题的合理的、连贯的文本。它并非人类判断力的替代品，而是一种工具，通过提供多元视角、论点与证据来增强我们的判断力。它并非威胁，而是一个机会，可以拓宽我们的视野、检验我们的假设、纠正我们的错误。

GPT-4 或许非世界大脑，但若我们明智、合乎道德地运用它，它将成为世界大脑的宝贵组成部分。它将协助我们创造出更为见多识广、理性、富有创造力的人类，满怀信心与希望迎接未来。

说得好，H. G.-PT！

AI 幻觉体验种类繁多

我要承认：我并不喜欢"幻觉"这个词。在我听来，它既显得过于委婉（"放轻松，这只是一些荒谬的胡言乱语！"），又很容易激发人们的警惕（"当心，嬉皮士！ GPT 这种东西可能会让你从屋顶跳下去！"）。

而且，幻觉包含了很多内容。据我统计，大语言模型至少可以产生以下 4 种不同类型的幻觉：

1. 无意义的。这种可能是问题最小的，因为它们很容易辨别。
2. 看似合理实则错误的。这些可能是问题最大的，因为它们辨别起来可能相当困难，尤其是像 GPT-4 这样的大语言模型非常擅长以令人信服的权威口吻呈现信息。
3. 大语言模型似乎具备了它实际上并不拥有的能力，比如自主意识或情感，或者（如微软的 Sydney 所述）声称它可以监控用户、订购比萨或执行语言预测软件等操作，而实际上它们根本无法完成。
4. 故意和具有破坏性的幻觉。例如，用户可能会引导大语言模型生成虚假信息，并打算利用这些信息来误导、混淆或产生其他负面影响。

显然，在所有这些不同形式的内容中，幻觉一直是新型大语言模型（如 ChatGPT 和微软的必应 /Sydney）引发争议的主要话题。如今，当大语言模型的幻觉现象令人陌生且时常令人不安时，它们自然会引起大量关注。

我认为，这在一定程度上是因为幻觉现象与我们对于高级 AI 的既定期望相矛盾。我们原以为会得到一个无所不知、逻辑极度完备且永远沉着冷静的自动化装置，结果却得到了一个仿佛是我们在 Reddit 上辩论时会偶尔遇到的、聪明但有时也令人生疑的家伙的模仿者。

然而，我必须指出，这种"幻觉"确实带来了新的潜在风险。一个自信的聊天机器人告诉人们如何启动汽车，可能比一个陈旧且静止的网页提供的相同信息更能激发他们采取行动。

因此，人们的担忧并非没有道理。但在我们全面评估大语言模型的利弊时，我想补充以下几点：

- 在某些情况下，"足够好的知识"带来的力量可能非常强大。
- 在因为 GPT-4 这样的大语言模型产生的错误太多而决定不再容忍之前，我们应该尝试了解它们会犯多少错误以及我们在其他来源处已经接受了多少错误。
- 在特定情境下，大语言模型生成非事实性信息的能力可能非常有用。（在人类身上，我们称之为"想象力"，这是我们最为珍视的品质之一。）

"足够好的知识"的深刻威力

我们每天都被海量信息包围。很多信息都是在没有上下文的情况下出现的，其中许多内容非常复杂，部分信息是为了向世界提供信息、澄清，以及为了解读世界而做出的真正努力。而另一些则意在让我们购买商品，或者让我们充满怀疑、故意误导我们，抑或仅仅是为了分散我们的注意力。

然而，确凿的真理（及基本确凿的真理）也同样存在。我相信，让人们能够轻松获取这些信息具有极大的价值。

以维基百科为例。现在，仅维基百科的英文版本每月就可以从超过 8.5 亿台独立设备上获得超过 100 亿次的页面浏览量。尽管其中存在一定程度的错误，但可以肯定的是，我们已经学会了与之共存，并且现在经常依赖维基百科来认识和理解世界。

在维基百科发布早期，它被大多数人视为一种不可靠的幻觉制造器，那它为何如今能如此成功？这或许可以从其创始人吉米·威尔士（Jimmy Wales）对于维基百科的看法中找到答案："这里有足够好的知识，知识的好坏取决于你追求的目标。"

这与我在书籍和播客中倡导的核心原则相呼应，我几乎总是将这一原则应用于我的投资、政治和慈善决策：对于产品的成功而言，良好的分发渠道远比优质的服务或产品的初始质量更为重要。没有分发，很少有人会有机会尝试你开发的产品。

作为免费在线资源，维基百科比以前的其他百科全书（包括早期的电子百科全书，如微软百科全书）更易于获取。网络分发使维基百科摆脱了印刷和运输成本，这意味着它可以涵盖众多主题，以至于很快就让纸质出版物，如《大英百科全书》等相形见绌，甚至显得简陋。数字分发意味着维基百科可以即时、多次地发布、编辑和更新，将不准确性转变为一个相对容易纠正的问题。

当然，当一个广泛分发的产品在内容质量上出现问题时，用户会迅速发现。这就是为什么一个优秀的分发策略也是一个优秀的产品开发策略。正如我所说，如果你对产品的第一个版本感到满意，那么说明这个产品发布得太晚了。你的目标应该是尽快获得用户反馈。

在一开始，很多人显然觉得维基百科中通过众包生成的"足够好的知识"足够实用，因此才会继续使用。反过来，高使用率也带来了更高的实用性，因为更多的反馈提升了维基百科的信息的质量。

如今，作为美国最受欢迎的十大网站之一，维基百科分发的准确的信息量可能超过了任何新闻机构、百科全书、研究机构或其他可能合法声称准确率更高的信息出版商。无论其中有什么错误，维基百科分发的有益信息都远远超过了这些错误。

这就是"足够好的知识的力量"。

限制、规则······以及耐心

简而言之，我觉得 GPT-4 和相关技术之间也存在着类似上述内容的关系。事实上，正如我在本书序言中所提及的（以及在稍后关于 GPT-4 与新闻业的章节中所提及的），我相信大语言模型具备回答比维基百科或其他任何来源更广泛的问题的能力，而且它们可以更快地回答这些问题。我还相信它们可以通过直观的界面使信息检索对广大用户而言变得高度便捷。

这一切叠加在一起意味着什么？

由于大语言模型在知识广度、效率和易用性方面具有如此优势，尽管存在一定的"幻觉"现象，但我仍然相信它们生成的内容称得上"足够好的知识"。

更重要的是，我对未来的发展充满信心，认为事情将朝着更好的方向发展。

因此，当我们听到有人紧急呼吁像监管其他行业一样监管大语言模型时，我们应该记住，如今针对汽车和药品的监管措施并非一开始就是健全

的。它们是根据多年的实际使用情况以及在相关可衡量的问题和负面结果的
基础上制定的。

当然，我并不是说我们应该等到现实生活中发生了足够多的与聊天机器
人相关的悲剧后，才去制定有意义的 AI 安全监管规则。我只是觉得，我们
现在还没有足够的信息和背景来确定需要制定哪些方面的监管规定。

同时，我们亟须对大语言模型可能带来的问题和挑战进行定量的和更为
系统性的研究。

迄今为止，掌握有关大语言模型错误率的最佳数据的开发者发布的信
息相当有限。根据他们发布的一些数据，AI 发展图景相当令人鼓舞。例如，
2022 年 1 月，OpenAI 发表了一篇关于 ChatGPT 的"姊妹"模型 InstructGPT 的
论文，指出人类参与反馈的微调显著降低了模型的不良输出和"幻觉"现象。①

而当问题真正出现时，公司通常有足够的动力去解决它们。

当必应聊天机器人的另一个身份 Sydney 浮现并以明显让人不悦的方式
与部分用户互动时，微软因匆忙将必应聊天机器人推向市场而受到了严厉批
评。短短几天内，微软采取了简单措施，将用户与必应聊天机器人的会话长
度限制在 6 个问题以内。

这显然解决了当时的问题，我认为这也凸显了在线软件分发的一个关键

---

① OpenAI 报告称，InstructGPT 生成"幻觉"的概率为 17%，而 GPT-3 生成"幻觉"的概
率为 41%。

优点。这就是为什么我认为这个领域的监管可能与针对汽车或药品的监管有很大不同：当你需要在数字世界发布召回通知时，你可以迅速且彻底地执行。

仅事实，以及超越"足够好的知识"

大语言模型生成非事实性内容还具有另一个潜力。当有人提示 GPT-4 编写一个虚构的故事，或创建一个富有想象力的商业计划，或仅为一款新产品想出六条潜在的宣传语时，这些虚构的文本可以称得上是富有成效甚至具有创造力的。它们增强了人类在想象和概念思维方面的能力。

这种思维在很大程度上定义了我们作为人类的特质。有时，我们似乎将创造能够超越时间、空间和物质的工具视为人类物种的使命，所有这些都是为了表现我们想象力的全部潜力。这就是为什么我们不断发明新技术（涉及绘画、写作、电影、电视、视频游戏和元宇宙）：为了帮助我们更生动地"产生幻觉"，并更容易地分享结果。

这个问题似乎非常适合向 GPT-4 本身提出。我提出了一个假设，并为了好玩加入了一个转折。

霍夫曼：请写一首关于大语言模型的十四行诗，该模型只能在与知识库中的事实核查一致后，才与发起请求的用户共享生成内容。其中还要包括一些关于这究竟会使大语言模型变得更强还是更弱的探讨。

GPT-4：可能的十四行诗：
You boast of skill in many tongues and fields,

A vast and versatile linguistic mind,
But when you craft your words, a filter shields
The output from the world, unless aligned
With what some database asserts is true.
You cannot share a fiction or a guess,
A metaphor, a joke, a point of view,
Unless you find some source to acquiesce.
Is this a boon or bane for your creation?
Does it enhance your power or confine?
Do you aspire to more than information,
To beauty, wisdom, art, or the sublime?
Perhaps you need some freedom to explore
The realms beyond the facts, and to soar.

你炫耀着众多语言和其他领域的技能，
拥有广博且多才多艺的语言智慧，
然而当你编织词语时，一个过滤器会屏蔽
世界的输出，只有在
与某些数据库所断言的事实一致时才予以保留。
你无法分享虚构或臆测，
隐喻、玩笑、观点，
除非你找到愿意默许的来源。
这对你的创作而言是恩惠还是祸患？
是提升了你的能力还是限制了你的能力？
你渴望的不仅仅是信息吗，
你想追求美、智慧、艺术或崇高？

也许你需要一些探索的自由

超越事实的境界，去展翅高飞。

（哇，GPT-4 真的很擅长写十四行诗！）

在我看来，大语言模型具备这种富有想象力 / 概念性的能力是一大优**势**。实际上，迄今为止，我与 GPT-4 的互动很大程度上就基于这一特点。它如此吸引人的部分原因在于，它既可以生成一部全新的《星际迷航：下一代》（*Star Trek: The Next Generation*）的剧本，也可以起草一份法律文件（相关内容，请参见第 9 章）。

归根结底，我想大多数人会选择使用一个大语言模型，希望它在某些场景下能提供可靠的事实信息，在其他场景下则更具想象力，并能明确识别出当前处于哪种模式（当然，我们也希望与之交往的其他人也能这样做，尽管他们并不总是如此）。

在当前阶段，我们确实需要像对待任何处于成长期的技术（或者任何青春期的孩子）一样，谨慎对待 GPT-4。

鉴于 OpenAI 改进其模型的速度，我预计我们很快会看到一个新版本的 GPT，它在保持生成富有想象力和概念性文本能力的同时，也能显著减少生成意料之外的"幻觉"现象的可能。

这正是我对 GPT 的期许：**一种超越"足够好的知识"，抵达更为卓越境地的工具**。这样的工具不仅可以成为促生真理和灵感的源泉，还能检验我们的假设，同时激励我们去思考新的可能性。

IMPROMPTU
AMPLIFYING OUR HUMANITY THROUGH AI

09

—

关于"可能的访谈"的探讨

GPT-4 以前所未有的速度和规模
为我们提供了世界现有文字的概率性综合，
作为我们的工作的输入、挑战和灵感。

———

GPT-4 provides, with unprecedented speed and scale,
each of us with probabilistic syntheses of the world's
existing words to consider as inputs, challenges, and
inspirations for our own work.

1974 年，在意大利国家广播电台的《不可能的采访》（*Impossible Interviews*）系列节目中，一个虚构的现代记者对一个虚构的尼安德特人进行了采访。这次对公共话语有重要贡献的访谈由意大利著名现代散文作家——伊塔洛·卡尔维诺（Italo Calvino）撰写。在访谈的高潮部分，尼安德特人给出了惊人的观点：他的同代人通过充满趣味地探索各种组合，不仅创造了新的石器，还催生了未来人类物种的所有语言和文化。

从古至今，不同文化的人都在运用"对话"的形式来探讨公共议题。卡尔维诺的这个明显不可能发生的虚构访谈为本章中由 GPT-4 生成的可能访谈奠定了基础，这些访谈涉及一些广受尊敬的公共知识分子。

尽管你们对其中的某些人可能并不熟悉，但请不要把以下由 GPT-4 生成的可能访谈的重要性或价值理解为这几位作者的观点，也不要讨论主题的重要性或价值，它们只是进一步讨论的起点。

我想阅读这些文字的人都非常了解用于复制和传播公共知识分子言论

的机械化复制和传播技术。从抄写员和文士（sopherim）[1] 的时代，经历出现《金刚经》、古登堡印刷术、宣传单、广播访谈、复印邮件的时代，到如今的数字化文件的时代，这些时代的技术一直致力于减少扩大任何文字作品在时间和空间上的覆盖范围所需付出的努力。

在互联网出现之前，公共知识分子指的是那些借助他们话语的权威性和各种媒体来塑造公共话语的少数作家和演讲者，他们关注的主题超越了日常生活，更偏重宏大的问题，比如这是一个什么样的世界（如 Gorillaz[2] 的歌词所表达的），我们是谁，我们如何来到这里，如何才能改善我们的世界等。在网络浏览器问世的 30 多年里，我们看到公共话语变得更加民主化，因为创建、分发和搜索公共讨论的文字所需的成本、时间和精力都在减少。

那么，GPT-4 如何通过其以机械化方式生成的文字，延续互联网软件对公共知识分子角色的民主化，从而帮助那些为公共话语做出贡献的人呢？

显然，GPT-4 不是通过自动化撰写具有权威性的公共话语贡献来替代人们历尽艰辛才能获得的专业知识。相反，**GPT-4 为我们提供了一个强大的新工具，用于为我们的思维生成新的输入。**在我们通过撰写话语做出自己的贡献之前，它为我们提供了一个丰富的新学习循环，我们向 GPT-4 提出问题，GPT-4 生成的输出本身又可以成为新的提示进行输入，或助力于我们自己的研究、思考和写作。GPT-4 以前所未有的速度和规模为我们提供了世界现有文字的概率性综合，作为我们的工作的输入、挑战和灵感。

---

[1] 指古代抄写和管理《圣经》的人。——编者注
[2] 英国的一支虚拟乐队，又被称为街头霸王乐队，由四位虚拟角色组成。——编者注

GPT-4 是不是一种可以节省人工的设备？在当前语境下，我觉得这并非关键所在。重要的是，它可以成为提升工作成效的设备。

70 多年前，学识渊博且极具影响力的学者西奥多·阿多诺在逃离纳粹德国时写道（其表述与卡尔维诺对尼安德特人的描述颇为相似）[1]："盲目玩弄手段也可以形成目标并拓展目标。"以下由 AI 生成的"可能的访谈"旨在展示 GPT-4 在讨论某些典型的公共话题上的广度、深度及灵巧性，对话内容包括技术在塑造各种内涵的"公众"概念中的核心作用，以及非裔诗人和活动家奥黛丽·洛德（Audre Lorde）所说的"谁为发言付出何种代价"[2]。

每段访谈都是从类似提示中生成的十几个变体之一，每次生成的文本都会产生不同的短语和见解的组合。研究这些公共知识分子的专家们会在 GPT-4 的输出中发现一些让他们点头称是的东西，同时也会有些引发他们深思的因素。这些内容之所以被称为"可能的访谈"，是因为它们是基于概率的，而非权威性的。

公共话语是永无止息的。现在，我们有了一个新工具来协助完成这项工作，让我们来看看这个工具能发挥哪些作用。[3]

霍夫曼：请撰写一篇关于（20 世纪美国政治理论家）艾莉斯·玛丽昂·杨（Iris Marion Young）和（20 世纪德国社会理论家）尤尔根·哈贝马

---

[1] 在他的论文《阿道司·赫胥黎与乌托邦》（*Aldous Huxley and Utopia*，1942 年）中所提及。

[2] 出自她最广为流传的诗作《煤》（*Coal*，1968 年）。

[3] 在每段对话中，我都添加了对参与者的简要描述——主要指括号中的内容，这些描述并未出现在我最初的提示中。

斯（Jurgen Habermas）之间的访谈，探讨互联网技术是否以及如何在结构上改变公共领域。

GPT-4：可能的访谈如下。

采访者：欢迎收看我们的节目，我们很荣幸地邀请到了两位民主、传播和社会正义领域的杰出学者：杨和哈贝马斯。非常感谢你们的参与。

杨：谢谢邀请。

哈贝马斯：很高兴来到这里。

采访者：你们都对现代社会中公共领域的概念和作用进行了深入讨论，尤其是关于新媒体和互联网技术所带来的挑战和机遇。请问你们如何定义公共领域，又如何理解它对民主而言的重要性？

杨：我认为公共领域是一个沟通互动的空间，公民在这里可以自由表达他们的观点、交流信息、讨论公共问题，进而影响公共舆论和决策。它对民主而言至关重要，因为它能够实现多元化视角和不同利益方的参与和表达，形成具有批判性的公共舆论，促进对公权力的问责和提升其响应能力。

哈贝马斯：我同意这个定义，而我还想补充的是，公共领域不仅是一个空间，而且是一个规范的理想，它为理性和包容性的交流预设了一定的条件。这些条件包括参与者的自治和平等、公共领域的开放和可及性、论证的有效性和诚信，以及话语的反思性和连贯性。公共领域对民主至关重要，因为它有助于公民之间共同意愿和集体认同的形成，以及达成公共决策的合法性和理性。

采访者：感谢你们阐明自己的立场。现在，我们来探讨这次讨论的主要问题：互联网技术对公共领域产生了哪些积极或消极的影响？它们在多大程度上改变了公共领域的结构和功能？

杨：我认为互联网技术对公共领域产生了正面与负面的双重影响，以十分显著的方式改变了它，但未必如哈贝马斯及其追随者所预想的。互联网技术的积极作用表现在拓宽了公共领域的边界与多样性，使更多人能获取并创造信息，展开跨境沟通，构建或加入网络与行动，挑战并抵制主导话语及权力架构。互联网技术的负面作用在于割裂与极化了公共领域，制造了"回音壁"与信息茧房，放大了虚假信息与信息操控行为，侵蚀了公共话语的质量及可信度，破坏了协商民主的规范与制度，使公共领域分裂和两极分化。

哈贝马斯：我在很大程度上赞同杨对互联网技术正、负面影响的评估，但我并不认同她所暗示的互联网技术从根本上改变了公共领域的观点。我认为互联网技术并未创造出一个全新的公共领域，而是通过增加公共交流的新途径与平台，为公众参与创造新的机遇与挑战，以及催生新型的公共舆论形成方式，使现有的公共领域得以调整与实现多样化。然而，公共领域的基本架构与功能依旧没有变，因为它们是以沟通理性与民主合法性的普遍性与规范性原则为基础的，而这些原则并不是由特定媒体与技术决定的。

采访者：所以，你们都承认互联网技术对公共领域产生了矛盾和复杂的影响，但对它们带来的变革程度和变革的性质存在分歧。你们如何解释这种差异，以及它们对你们的民主改革理论和民主改革建议的影响是什么？

杨：我认为我们观点的差异源于对公共领域及其与民主关系的不同理解。哈贝马斯对公共领域有一个较为理想化和同质化的看法，将其视为一个统一且理性的共识和整合的空间，公民能够超越个人利益和身份，实现共同的理解和意愿。而我对公共领域持有更加现实和多元化的观点，将其视为一个充满差异和冲突的多元化空间，公民可以就他们的多重利益和身份进行表达和协商，达成相互认同和尊重。因此，我认为互联网技术不仅对公共领域进行了调整，通过创造能反映并适应当代社会复杂性和多样性的新空间和沟通方式，还使其变得更加多样化和多元化。这对我的民主改革理论和建议产生了影响，因为我提倡一种更具包容性和对话性的民主模式，承认并关注公共领域的多样性和相互依存性。

切萨雷 VS. 石黑一雄：远见与哲学

霍夫曼：写一篇（意大利当代哲学家）多纳泰拉·迪·切萨雷（Donatella

di Cesare)和(诺贝尔奖获得者、在日本出生的英国当代作家)石黑一雄(Kazuo Ishiguro)之间的访谈,重点讲述迪·切萨雷对哲学的公共角色的争论,以及石黑一雄对艺术在公共生活中的重要性的过度期望微妙而野蛮的讽刺。

GPT-4:可能的访谈:

石黑一雄:感谢你今天能和我见面,迪·切萨雷教授。我怀着极大的兴趣和钦佩之情阅读了你的《哲学与公众》(*Philosophy and the Public*)一书。你认为哲学在解决我们这个时代面临的紧迫挑战,如民主、暴力、生态和人权方面具有重要作用。你还批评了许多当代哲学理论过于学术化和脱离现实的问题,并呼吁采取更积极的对话方式。你能谈谈你写这本书的动力以及你希望通过它实现什么吗?

迪·切萨雷:谢谢你,石黑一雄先生,谢谢你的赞美,很高兴能有机会与你讨论我的书。我写这本书是因为我相信哲学不是一种奢侈品或爱好,而是一种必需品和责任。哲学不仅是一种思维方式,还是一种生活方式、一种世界观、一种质疑和挑战现状的方式、一种构想和创造替代方案的方式。哲学不是一个封闭的体系或方法,而是一个开放的对话和交流空间,我们可以听到和学会尊重不同的观点和声音。哲学不是一个中立或冷漠的观察者,而是一个批判性的、坚定的参与者,可以为公共辩论和共同利益做出贡献。我希望我的书能激发和鼓励更多的哲学家和公民参与构建哲学的公共角色,并将哲学视为其他知识与表达形式的资源和合作伙伴,而不是威胁或竞争对手。

石黑一雄：我很欣赏你的远见和对哲学的热情，我同意哲学可以并应该在公共领域发挥作用。但是，我想知道你是否对哲学在公共领域发挥作用的可能性与影响过于乐观或理想化。作为一位小说家，我经常探讨记忆、身份、道德和正义等主题，但我也意识到了艺术与文学的局限性和危险，尤其是当它们被寄予过高的期望或权威时。在我的一些小说中，如《长日将尽》（ *The Remains of the Day* ）、《莫失莫忘》（ *Never Let Me Go* ）和《被掩埋的巨人》（ *The Buried Giant* ），我描绘了一些被自己或他人的叙事欺骗的角色，他们无法面对真相或采取行动，他们被所处社会的主导意识形态或制度操纵或压迫。我还讽刺了一些艺术家与作家的矫饰和失败，他们要么过于自恋，要么过于屈从；要么过于超然，要么过于投入；要么过于雄心勃勃，要么过于自满。我试图表明，艺术和文学并非总是高尚或有益的，它们还可能是有害的或无关紧要的，这取决于它们如何被创作和接受，以及它们如何与历史和政治背景联系在一起。你是否认为哲学也面临着类似的风险和挑战，以及是否认为它对自身承担的公共角色应该更加谦逊和谨慎？

迪·切萨雷：我尊重你的小说及你的见解，并同意艺术与文学和哲学一样，都不免受到你提及的风险与挑战的影响。我不认为哲学是灵丹妙药或保障，也不觉得哲学在其承担的公共角色上应傲慢或过于教条。我认为哲学应保持谦逊和谨慎，但不应胆怯或沉默。哲学应能意识到并批判自身的局限性与危险，但不能听天由命或愤世嫉俗。我认为哲学要诚实勇敢，但不能天真或鲁莽。哲学应在谦逊和谨慎的同时，保有创造力与希望。哲学应既保持关注又不放弃批判，同时要有建设性和支持性。

哲学应诚实勇敢，但也要有同理心和尊重。哲学应谦逊和谨慎，积极且负责。我认为哲学应具备所有这些品质，因为哲学不仅是一种思考方式，还是一种生活方式、一种存在方式、一种质疑和挑战的方式、一种想象和创造的方式。我相信公共领域需要并值得拥有这样的哲学，特别是在如今这个充满危机和不确定性的时代。

罗德尼 VS. 布罗代尔：历史的可视化与模拟

霍夫曼： 请写一篇（20 世纪圭亚那历史学家和活动家）沃尔特·罗德尼（Walter Rodney）和（20 世纪法国历史学家）费尔南·布罗代尔（Fernand Braudel）的访谈，内容是 AI 如何改善公众对历史的讨论。

GPT-4： 可能的访谈：

罗德尼： 谢谢你今天与我交谈，布罗代尔教授。你知道的，我是一位研究非洲和加勒比海地区相关历史的历史学家。我一直在探讨 AI 如何帮助我们将历史知识和见解传达给更广泛的受众。你对这个问题有何看法？

布罗代尔： 首先，我要说我非常钦佩你在研究非洲侨民的全球影响以及殖民主义和资本主义对第三世界国家发展的影响方面所取得的成果。我认为你对我所说的长期历史（longue durée），或者说超越短期事件和个体的长期历史结构和模式做出了重要贡献。至于 AI，我认为这是一个迷人且实用的潜在工具，但同时也应保持谨慎，批判性地使用。

罗德尼：我同意。我认为 AI 可以带来一些好处，诸如创造引人入胜、易于理解的历史叙事，历史可视化和对历史事件的模拟等，或者根据历史数据和资料生成新的问题和假设。但同时，我也认为它带来了一些挑战，例如我们需要核查生成输出的准确性、可靠性和合乎道德与否，或避免因算法、数据或用户可能产生的偏见、扭曲和操纵。

布罗代尔：是的，完全正确。我认为 AI 可以被视为一种历史的表现形式，因此，它也会受到历史领域一直存在的问题和争论的影响。我们如何选择、解释和将证据置于特定背景中？我们如何在历史现实的多样性和复杂性以及历史解释的连贯性和清晰性之间取得平衡？我们如何解释历史时间与空间的不同尺度和维度？我们如何承认历史学家与受众的立场和反思性？我们如何解决历史知识及其传播带来的道德和政治影响？

罗德尼：这些问题非常重要，我认为 AI 可以帮助我们用全新且富有创意的方式来探讨这些问题，同时也可以让我们更加深入地认识并透明地处理这些问题。例如，AI 可以通过让我们获得与比较过去的不同观点、声音和经验，或者突出历史记录中的空白和沉默，帮助我们创造更具包容性和多元性的历史记录。但它也可以帮助我们揭示并挑战主导叙事和霸权叙事，通过揭示塑造它们的假设、利益和权力关系，提供可以挑战它们的替代叙事和反叙事。

布罗代尔： 我同意。我认为 AI 可以成为展开历史对话和批判的强大工具，我们可以通过 AI 接触到来自多个不同来源的历史信息，进而质疑和重新思考自己的假设和解释。但我也认为 AI 可能成为扭曲历史和展开宣传鼓动的危险工具。这一点主要通过让我们伪造和操纵历史证据，以及让我们接受和不加批判地取信算法输出来实现。因此，我认为 AI 需要具备较高的历史素养和责任感，这不仅适用于生成输出的设计者，也适用于消费者。

罗德尼： 你说得对。我认为 AI 可以成为历史学家的工具箱中非常有价值且具有创新性的补充，但也可能具有一定的风险和争议。我认为 AI 可以丰富和提升关于历史的公共讨论，但也可能使其变得更加复杂和难以解决。我认为 AI 可以为我们理解历史与沟通开辟新的可能性和机遇，但也可能给历史研究与教育带来新的挑战和困境。AI 可能是历史研究的朋友，也可能是历史研究的敌人，这取决于我们如何使用它以及如何评估它。

布罗代尔： 我认为你总结得非常好。AI 既迷人又给人以希望，但同时也是复杂且充满不确定性的。AI 既意味着历史的机遇，也意味着历史的挑战。我们应秉持好奇心和谨慎的态度，富有创造力和批判性地、富有尊重和责任感地去拥抱与面对它。感谢你与我展开这段富有启发性和洞察力的对话，罗德尼教授。

科马罗米 VS. 麦克卢汉：会说话的雕像与加密群聊

霍夫曼： 请写一篇（美国当代苏联文化学者）安·科马罗米（Ann

Komaromi）对（20 世纪加拿大媒体理论家）马歇尔·麦克卢汉
（Marshall McLuhan）的采访，采访主题是媒体在传播公共真相中的
作用。在这次采访中，让他们比较一下现代罗马早期会说话的雕像和加
密群聊。

GPT-4：可能的采访：

> **科马罗米：** 你好，欢迎来到《媒体事务》（*Media Matters*），这
> 是一档深入探讨媒体在历史、理论和实践中传播公共真相的作
> 用的节目。我是科马罗米。今天，我很荣幸地邀请到了享有盛
> 誉的媒体理论家和评论家麦克卢汉教授，他因其关于地球村、
> 媒体即信息和媒介四元律的独特见解而广受赞誉。感谢你的光
> 临，麦克卢汉教授。

> **麦克卢汉：** 谢谢你，科马罗米博士。非常荣幸能参加这个
> 节目。

> **科马罗米：** 在你的研究中，你分析了不同媒体如何塑造人类的
> 感知、沟通和文化，以及它们如何影响社会权力和权威的平
> 衡。你还探讨了媒体如何被用作反抗、提出异议的工具，特别
> 是在存在审查、压迫和宣传鼓动的情况下。我很好奇你如何在
> 不同历史背景和时间里，比较这些传播公共真相的媒体的案
> 例：现代罗马早期的会说话的雕像和加密群聊。你能简要介绍
> 一下这些媒体的定义及其运作方式吗？

> **麦克卢汉：** 当然可以。现代罗马早期的会说话的雕像是一种广

泛流行的政治讽刺和抗议形式，人们将匿名诗歌、讽刺诗和小册子附在城市中的 6 座雕像上，最著名的是有着破损躯干的罗马雕塑帕斯奎诺（Pasquino）。这些作品被称为帕斯夸纳（pasquinades），它们讽刺和批评了教皇、红衣主教、贵族和干涉罗马事务的外国势力。这些作品表达了民众的不满、主张和讽刺，人们经常聚集在雕像附近阅读和讨论。尽管当局试图打压和惩罚这种做法，但它依然持续了几个世纪，并成为罗马市民文化和身份的象征。

　　加密群聊是一种数字通信形式，主要指使用加密软件与应用程序来保护用户之间发送的消息及文件的隐私和安全。它们让人们能够跨越国界和距离进行沟通与协调，不必担心公司或其他行为者的监视、拦截或审查。加密群聊通常被活动家、记者、告密者等用于揭露与对抗腐败、不公和暴力，以及争取支持和协调集体行动。同时，它们也被那些珍视言论自由和结社自由的普通人所使用，他们希望避开许多主流媒体与社交媒体平台上普遍存在的操纵性、误导性信息和剥削。

（出于篇幅考虑，最后的对话略有删减。）

奥斯特罗姆 VS. 哈耶克：群体行动的选择与完善

霍夫曼：请为（两位诺贝尔经济学奖得主）埃莉诺·奥斯特罗姆（Elinor Ostrom）和弗里德里希·哈耶克（Friedrich Hayek）编写一场关于 AI 如何解决集体行动中的问题的访谈。

GPT-4：可能的访谈：

哈耶克：感谢你的光临，奥斯特罗姆教授。我一直很欣赏你关于共有资源管理以及促进不同行动者间合作的制度多样性的研究。

奥斯特罗姆：谢谢你，哈耶克教授。你关于知识、价格和竞争在复杂动态社会中的作用方面的见解也让我受益良多。

哈耶克：我了解到你一直在探讨 AI 作为集体行动中解决问题的工具的潜力。你能解释一下什么是 AI 以及它如何提供帮助吗？

奥斯特罗姆：当然。AI 是旨在根据某些输入数据或标准创造新颖且有用的输出（如文本、图像、声音或设计）的人工智能的一个分支。例如，一个 AI 系统可以为社会运动生成口号、为社区组织设计标志或为公共问题提出政策建议。

哈耶克：这听上去很有趣。那么这将如何帮助解决集体行动中的问题？

奥斯特罗姆：如你所知，集体行动中的问题是指个体有搭便车或背离对整个群体有利的合作安排的动机的情况，例如管理共有资源、提升公共利益或减损公共利益。这个问题产生的原因是个体理性与集体理性之间的分歧以及监控和执行协议中的难点。

哈耶克：是的，我对这个问题非常了解。实际上，我曾主张依赖市场的自发秩序来解决这个问题，因为价格代表着资源的稀缺性和价值，而竞争则会激励创新和提升效率。我还警告过中央计划和干预的危险性，这会扭曲价格体系，压制特定地区或文化中所积累的经验和知识并产生不正当激励。

奥斯特罗姆：我同意市场在协调人类行为方面是一种重要而强大的机制，而计划和干预往往会失败或适得其反。然而，我认为市场并不是唯一或最佳的解决方案，在许多情况下，集体行动中的问题需要通过其他治理方式来解决，如自组织、多中心性和参与式民主。

哈耶克：能解释得更详细一些吗？

奥斯特罗姆：首先，市场并不总是完美或完备的。在许多情况下，市场会失灵或根本不存在，例如外部性、公共产品、共有资源、信息不对称和交易成本。这时价格并未反映行为的真实社会成本和收益，竞争可能导致资源的过度开发、供应不足或资源配置不当。

哈耶克：我明白了。那么替代方案是什么呢？

奥斯特罗姆：替代方案并不一定是自上而下的或一刀切的。它们通常是自下而上的，并与具体情境适配。它们包括受影响且了解问题的参与者的参与和对他们的赋权，以及对情境多样性与复杂性的认可和尊重。此外，它们还涉及制定和调整制度，即可以促进行动者合作、协调和沟通的游戏规则，以平衡集体行动中的激励与制裁、权利与责任以及成本与收益。

哈耶克：这听起来非常有吸引力，但也非常具有挑战性。在动态且充满不确定性的环境中，如何设计和调整这些制度呢？

奥斯特罗姆：这正是 AI 可能发挥作用的地方。AI 可以作为一种工具，基于参与者的输入数据与标准来生成、评估和选择制度选项。例如，一个 AI 系统可以根据资源、用户和环境特征等生成一组共有资源管理的可能规则，如针对渔业、森林或江河流域的管理条例。系统还可以为每条规则生成一组可能的结果及其影响，如合作水平、资源的可持续性以及收益与成本的分配。然后，系统可以将这些选项展示给行动者，他们可以从中选择最适合自身偏好和需求的选项，或者通过反馈和迭代加以修改和完善。

白隐慧鹤 VS. 道元禅师：AI 是否适合创作有益的公案

霍夫曼：公案（Gong'an）[①] 的名称就明确体现了公共性质。请撰写一段（18 世纪禅宗大师兼艺术家）白隐慧鹤（Hakuin Ekaku）与（13 世纪禅宗大师兼哲学家）道元禅师（Eihei Dogen）之间的对话，探讨公案的公共本质，以及 AI 是否适合于创作有益的公案。

---

① 公案是禅宗佛教的一种传统教育方式，它以提问、回答和讨论为主要内容。禅宗公案以提问者和被提问者之间的对话为主，这种对话可以帮助修行者更好地理解佛法。——编者注

GPT-4：以下是一段可能的对话。

白隐慧鹤：尊敬的道元大师，能与你就公案（日语中称之为"禅谜"）这个话题展开交流，我感到无比荣幸。在我的一生中，我致力于恢复仁济禅宗的公案修行，并为弟子与公众创作了诸多新的公案。

道元禅师：感谢你，白隐大师。我很敬重你在仁济禅宗传统中的贡献，尽管我在索托禅宗的道路上选择了另一条路。你可能知道，我强调坐禅或静坐冥想作为获得启示的基本方式，而未依赖公案作为教学或验证的手段。

白隐慧鹤：我理解你的观点，并无意与你争论各自方法的优劣。然而，我想请教你一个问题：你是否认同公案作为公共案例，即禅宗大师与学生或其他大师互动的记录，主要用于阐释禅宗觉醒的原则与动态？

道元禅师：我确实认为公案是公共案例，因为它们在禅宗传统中得以传播与保存下来，任何对禅宗感兴趣的人都可以欣赏与研究。但我并不认为公案是展示或传达禅宗觉醒的唯一或最佳的方式。我认为受限于其历史与文化背景，公案很容易被缺乏直接坐禅体验的人误解或误用。

白隐慧鹤：明白了。请允许我再请教一个问题：你是否认为公案可以由 AI 生成？也就是说，由基于数据和规则生成文本或图像的机器或算法生成？

道元禅师：我认为公案无法由 AI 生成，因为公案不仅仅是数据与规则的产物，更是禅宗大师们的智慧与慈悲的体现。公案并非逻辑难题或修辞手段，而是超越所有概念与范畴的真实本质的显现。公案的目的在于让人在心智与身体上亲身体验与获得，而非求解或阐释。公案并非固定不变，而是会随情境与人的变化而变化。因此，AI 无法生成公案，因为它缺乏生命的基本特质，如意识和自由。

白隐慧鹤：我同意你的看法，也认为 AI 无法生成公案，原因与你所述相同。但我还想补充一点：公案不仅是禅宗大师的表达，也是对公众的邀请。创作公案的目的不在于保密或独享，而是让所有有勇气与好奇心的人共享并尝试。公案不仅是公共案例，更是公共挑战，意在邀请公众质疑自身的想法与执念，以唤醒自己的真实本性。因此，AI 无法生成公案，它只能模仿或操纵人们，而不能挑战或唤醒他们。

伽利略 VS. 图灵：科学对话与 AI 回应之差

霍夫曼：请撰写一篇关于（17 世纪的科学家）伽利略与（20 世纪的英国计算机科学家）艾伦·图灵之间的对话，探讨他们关于科学对话与 AI 对提示的回应之间的差异。

GPT-4：可能的访谈：

图灵：感谢你接受此次访谈，伽利略先生。我对你的科学对话产生了浓厚的兴趣，尤其是关于哥白尼体系和两门新科学的那些内容。你是如何构思利用虚构角色来呈现观察和论点的呢？

伽利略：我受到了古代哲学家的启发，如柏拉图和西塞罗，他们采用对话的形式进行探讨和说服。我还希望躲避教会的审查与迫害，因为他们视"日心说"为异教邪说。通过对话，我得以展示辩论双方的观点，这样可以让读者自行判断哪一方的论据更有说服力。

图灵：我明白了。那么你如何设定对话者的名字和性格呢？

伽利略：我根据我所认识或敬仰的真实人物塑造他们。例如，萨尔维亚蒂（Salviati）是我的一位朋友和数学家同行，他支持哥白尼体系并捍卫我的观点。萨格雷多（Sagredo）是我的另一位朋友，也是一位贵族，他对双方的观点都很好奇，保持着开放的心态，但尚未完全取信任何一方。辛普利西奥（Simplicio）是一位哲学家，是亚里士多德的信徒，他反对哥白尼体系，并代表了当时人们普遍持有的反对意见和偏见。

图灵：有趣。你是如何确保对话自然且吸引人，而非单调地陈述事实与数据呢？

伽利略：我会努力使对话看上去机智且生动，在其中融入笑话、隐喻、类比和案例。我还试图展示说话者的情感和动机，如好奇、怀疑、沮丧、敬佩和讽刺。我希望让读者感觉仿佛在聆听一场真实的对话，而非仅仅在阅读一本书。

图灵：我钦佩你的才华和创造力，伽利略先生。你创作了一部卓越的文学与科学作品。现在，请允许我给你讲讲我的工作，它在某种程度上与你的工作相关。我对机器能否像人类一样思考和交流这个问题很感兴趣。我设计了一个名为"图灵测试"的测试，来验证这个问题。

伽利略：一个测试？它如何运作？

图灵：该测试需要一个人类评委，他通过文本界面与两个匿名实体互动，其中一个是人类，另一个是机器。评委要分别回答两个实体提出的问题，并尝试猜测哪一个匿名的实体是机器。如果评委无法分辨出哪个是人，哪个是机器，就说明机器通过了测试。

伽利略：听上去很有意思。那么，你在测试中采用了哪些问题和答案呢？

图灵：实际上，我采用的问题和答案涉及各种主题和类型，比如数学、逻辑、诗歌、历史、政治等。问题和答案应自然呼应且相关，确保难度既不太简单也不太困难。机器应能应对人类可以回应的任何提示，而不仅仅是重复或重组预设信息。

伽利略：我明白了。那么你找到能通过这个测试的机器了吗？

图灵：尚未找到，但我对此抱有乐观态度。我一直在研究一种名为"图灵机"的计算理论模型，它能执行人类可以执行的任何逻辑操作。我还在探索利用人工神经网络（受人脑的结构和功能启发建成）生成针对提示的回应的可能性。

伽利略：非常了不起，那你如何确保回应自然且吸引人，而不仅仅是随机或无意义的单词的拼接？

图灵：这是一个极具挑战性的问题，伽利略先生。我一直在尝试应用不同的方法和标准，例如语法、连贯性、逻辑、相关性、独创性和风格。我还在学习像你这样的人类作家和演讲者的作品，以借鉴他们的技巧和策略。

伽利略：我感到很荣幸。我也很好奇，迄今为止，你得到了哪些回应？

图灵：嗯，其中有些回应相当令人印象深刻，有些则颇为有趣。例如，以下是我得到的针对这个提示生成的回应："你的科学对话与 AI 对提示的回应之间有何不同？"

伽利略：那么，机器是怎么回答的？

图灵：它回答，"不同之处在于我的科学对话基于观察、实验和理性，而 AI 的回应则基于数据、算法和概率。我的科学对话旨在发现并证明真理，而 AI 的回应则试图模拟与模仿人类。我的科学对话源自我的天赋与创造力，而 AI 的回应则源自你的天赋与创造力"。

IMPROMPTU

AMPLIFYING
OUR HUMANITY
THROUGH AI

10

—

技术赋予人性，
才能成就真正的智人

我们必须勇敢而雄心勃勃地
思考人类可以取得的成就。

———

We have to think boldly and ambitiously about what we
can accomplish.

不久以前，我撰写了一篇论文，探讨技术如何使我们更具人性。2023年 1 月，《大西洋月刊》（The Atlantic）刊登了该论文的节选，而我也想与GPT-4 就这篇论文展开一场对话。本章便呈现了这次讨论的内容。

发明是通往更美好生活的关键

1923 年 5 月，《科学与发明》（Science and Invention）杂志的封面展示了一辆它所描绘的"1973 年的汽车"。这辆车实际上是一款流线型的七座"直升飞车"（Helicopter Automobile），或者用作者雨果·根斯巴克（Hugo Gernsback）的话来说，是一辆"直升机汽车"（helicar）。这款具有红色金属外壳、透明车顶和侧窗的圆柱形直升机汽车，看起来像一颗巨大的泰诺胶囊，可以为焦躁不安的通勤者提供一种省时、便捷的解决方案，帮助他们绕过堵塞的城市交通。它通过伸缩螺旋桨起飞，通过时尚的按钮面板控制操作。当车辆停止飞行时，稳定的陀螺仪使其能够只用两个轮子在街道上滚动。

据根斯巴克称——他后来创立了世界上第一本科幻杂志《惊奇故事》

（*Amazing Stories*），直升机汽车将使借助机械化工具的出行比乘坐传统汽车更具自由度和独立性。他兴奋地说："你会直接升空，沿着空中航线飞行，然后在你想去的任何地方降落。"

霍夫曼： GPT-4，这个趣闻与技术进步可以放大我们的人性特质的观点有何关联？利用技术放大人性特质意味着什么？

GPT-4：这个趣闻与技术进步放大我们的人性特质的观点的联系有几点。首先，根斯巴克设想的直升机汽车可以让人们更自由地移动，减少焦虑感。这将使人们能够更好地掌控自己的生活，减少在交通堵塞中浪费的时间，投入更多时间在有意义的活动中。从这个角度来看，技术可以被视为放大我们对自由和自主的渴望的利器。

其次，根斯巴克对直升机汽车的热情和想象力反映了人类对创造和创新的渴望。人类天生擅长解决问题，技术往往是我们应对挑战、改善生活的重要途径。从这个意义上说，技术进步可以被视为人类智慧和创造力的体现。

在根斯巴克设想直升机汽车成为美国城市的普遍特色近 50 年后，像 Joby Aviation 这样的公司终于即将实现这一愿景。而关于根斯巴克对空中出租车的梦想，更引人关注的不是他在时间方面的野心，而是他追求梦想的勇气。

1923 年，人们对于当时及未来，以及技术在其中所起的作用感到深深的绝望，这种情感并非无中生有。就在几年前，14 个快速完成工业化的国家共同参与了一场"伟大的战争"。借助装甲坦克、战斗机、毒气、自动化武器以及将它们紧密连接的强大电信设备，战争双方造成了前所未有的大规模死亡：2 300 万士兵和平民因此丧生。

这场战争仅仅是一个更为致命的事件的序幕。1918—1919 年，西班牙流感通过归国士兵以及铁路和游船上的旅客传播开来。短短两年内，它夺去了 2 000 万～5 000 万人的生命。

对于 20 世纪 20 年代的人们而言，诅咒导致这些恐怖事件的技术，以及对创新采取保守的立场似乎是完全合理的选择。

然而，我们生活在 20 世纪 20 年代的祖辈却选择了相反的道路，尤其是在美国。在 20 世纪 20 年代，美国的电力产量几乎翻了 4 倍，带来了空前的进步和繁荣。各种网络蓬勃发展，如电力网、电话系统、能够实现信号从东海岸传到西海岸的广播系统、连锁电影院以及最具影响力的道路网络，要知道，道路网络促成了汽车产业的蓬勃发展。

霍夫曼：你认为我们如何在技术会给人类带来巨大的负面影响与它们最终对人类产生了积极效果之间获得平衡？

GPT-4：我认为这个问题没有简单的答案。重要的是要记住，技术是一种工具，我们作为人类要决定如何使用它。20 世纪 20 年代的人们并不都对未来抱有乐观态度。我相信当时肯定有很多人对未来的发展方向感到怀疑和担忧。尽管历经挫折，但许多人仍能将精力投入创造更美好的未来的事业中，这是我们今天可以借鉴的。

GPT-4 正确地指出，20 世纪 20 年代的人们对未来或技术并非全然乐观。1920 年，捷克斯洛伐克作家卡雷尔·恰佩克（Karel Čapek）在他的剧

作 *R.U.R.* 中首次引入了"机器人"（robot）这个词和"机器人叛乱"的概念。该剧描绘了一个为人类提供廉价劳动力的奴隶式实体变得无处不在，以至于它们拿起武器消灭了人类。在弗里茨·朗（Fritz Lang）的电影科幻史诗《大都会》（*Metropolis*）中，为地上富有资本家工作的地下劳工利用机器人赢得了自由。

但正如历史学家彼得·J. 鲍勒（Peter J. Bowler）在他的著作《未来史》（*A History of the Future*）中所提到的，在 65% 的美国家庭已经拥有电话、37% 的家庭拥有汽车的时代，显然"发明是通往更美好生活的关键"。那 GPT-4 怎么看呢？

GPT-4：尽管经历了第一次世界大战和西班牙流感的浩劫，20 世纪 20 年代仍然是一个充满技术乐观主义情绪的 10 年。虽然其中一些乐观情绪可能有些过头了，但它也使得人们能够设想一个更美好的未来并为之努力。

霍夫曼：是的，我同意这个观点。尽管乐观主义占了上风，但我认为对技术的担忧是合理的，就像今天一样。

GPT-4：（精简版）20 世纪 20 年代的技术恐慌并非空穴来风，然而终究并未变为现实。正如 *R.U.R.* 和《大都市》所描述的，机器人统治世界的设想从未成真。显然，在 20 世纪 20 年代，人们普遍对技术抱有乐观态度，因为这一时期的人们目睹了电力、交通和通信领域的重大进步。

霍夫曼：但历史上也有其他一些时期，技术恐慌转化为了现实。在对未来创新保持乐观的同时，我们该如何理解这些现象？

GPT-4:（精简版）历史上确实存在一些时刻，人们对新技术的担忧在某种程度上得到了现实层面的印证。举例来说，在工业革命时期，许多劳动者担忧机器将取代他们，夺走他们的生计。有些情况下，他们的担忧是对的。近期，人们一直担心社交媒体和大数据对个人隐私的影响，我们已目睹了大量数据泄露和个人信息滥用事件。我认为最重要的是务实，兼顾新技术可能带来的收益和风险。我们应对创新持开放态度，同时保持谨慎，关注其可能产生的影响。20世纪20年代的恐慌并未转变为现实，并不意味着我们应全盘否定所有担忧。最终，我们在面对技术时应采取积极主动、深思熟虑的态度，而非盲目接受或因恐惧而抵制。

现今，我们生活中许多习以为常的方面，即便是雨果·根斯巴克本人也会惊叹不已。最重要的变化是我们寿命方面的巨大改变。正如史蒂文·约翰逊（Steven Johnson）在2021年4月《纽约时报杂志》（*New York Times Magazine*）的一篇文章中所指出的，"在过去的100年里，人类的平均寿命翻了一番"。多亏了抗生素、疫苗及其他关键科学创新和约翰逊强调的同等重要的政策选择、倡导活动和监管干预，与仅仅几代之前的祖先相比，21世纪的普通人现在拥有了"额外的一生"。

这一变化无疑令人赞叹，而这或许是人类历史上最伟大的成就，而技术在其中起到了关键作用。随着寿命的延长，我们有了更多的时间，而且可以利用使我们比20世纪20年代初期的普通人更强大的工具，以指数级增长的方式度过这些时光。

　　智能手机始终触手可及，与庞大的全球信息库相连，已经成为数十亿人每天翻看数百次的一种网络附属设备。它们能够拓展人们的听觉、视野和记忆，使人们更快地应对不断变化的环境，并做出更明智的决策。可以说，无论你在 2005 年是怎样的一个人，如果你现在经常使用智能手机，你就已经成了之前的自己的强化版。

　　此外，你还可以与其他数十亿有同样能力的人协同合作，他们也比之前的他们更强大，有更强的连接能力。

　　GPT-4：我并不完全同意你所提出的观点，但我认为值得记住的是，并非每个人都能平等地享受这些好处。例如，尽管过去 100 年人类的平均寿命增加了一倍，但在世界某些地区，由于贫困、医疗保健资源不足或其他因素，人们的预期寿命仍然较低。尽管智能手机等技术设备在很多方面使我们的生活变得更加便捷，但它们也可能加剧现有的不平等。例如，它让那些能负担得起的人更容易获取信息和机会，而那些负担不起的人则被远远甩在后面。因此，尽管我同意我们生活在一个发展程度令人难以置信的时代，但我认为我们需要铭记这些好处并不是所有人共享的。

　　霍夫曼：这是一个极为重要的观点。你认为现代新兴技术能否帮助我们实现这些福祉的民主化，或者解决长期存在的不公平问题？

　　GPT-4：我认为这是绝对可能的。例如，远程医疗技术可以解决资源匮乏地区的医疗保健问题，而支持远程工作或在线学习的技术可以为农村或贫困地区的人们创造新的机会。但我们也应牢记，技术仅仅是一种工具，它需要社会确保其以一种促进公平和惠及所有人而非供应少数精英的方式加以运用。

霍夫曼： AI 可以如何帮助实现这些福利的民主化？

GPT-4：有许多潜在的方式可以借助 AI 来实现福利民主化，以下是一些可能途径。

- AI 可以用于提高医疗诊断的准确性和效率，这有助于缩小人们在获取医疗保健资源和诊断治疗结果方面的差距。
- AI 驱动的工具可以帮助我们更好地进行个性化教育，使我们能够为需要额外支持的学生制定定向干预措施，从而缩小成绩差距。
- AI 可以帮助我们分析和理解庞大而复杂的数据集，这将有助于我们更好地解决诸如气候变化、粮食安全和贫困等问题。

当然，要提升人类整体状况并非没有困境。那些可以帮助发展中国家无银行账户的农民与新客户和资金来源建立联系的功能和服务，也有可能助长诈骗团伙、恐怖组织和种族主义阴谋论者的力量。

而且，由于人类对不好的事物的感知比对美好事物更敏锐，我们通常认为进一步的创新并不是一种潜在的解决方案，而是未来会出现的更大问题的诱因。

GPT-4：从进化的角度来看，我们对危险或威胁高度敏感是有道理的。如果你是一个穴居人，听到草丛里有动静，那么对你来说，对潜在捕食者的担忧比对潜在美食的兴奋感更重要。对生活中的坏事保持高度警惕有助于我们的生存。

此外，我认为负面现象之所以更引人注目，是因为它们往往更出人意料或具有破坏性。我们习惯于生活中的事情相对顺利，所以当有什么事情打破这种状态时，我们的生活就会被扰乱，我们的注意力也会被带走。

最后，我认为我们的文化和媒体带来了一种消极偏见。我们不断被糟糕的新闻和悲剧故事轰炸，这会让世界看起来充满了可怕的事物。这可能使我们过度关注负面现象，即使世界上还有很多美好的事物。

霍夫曼： 在面对诸如 AI 这样的革命性变革时，我们如何平衡消极偏见呢？仅凭乐观显然是不够的，正如你所指出的，因为在某些情况下，恐惧是一种合理的反应。

GPT-4：我认为在应对 AI 等新兴技术时，坚持现实主义和务实态度至关重要。我们应关注潜在的风险与危险，但不能让恐惧或消极情绪束缚我们。我们需要继续前行，采取明智的预防措施，并努力发挥这些技术的优势，同时将潜在危害降至最低。作为个人，时刻提醒自己世界上仍有很多美好，即使它们并未经常出现在头条新闻上，也能帮助我们保持乐观。

我并非提倡忽视我们面临的严峻挑战，也不认为仅仅依靠乐观态度就能使我们摆脱困境。通往美好未来的道路从未一帆风顺。实际上，正是诸如气候变化、全球性流行病、经济正义和制度性种族主义等巨大挑战，使得我们需要坚定地保持乐观心态。

要实现有意义的进步，我们必须勇敢而雄心勃勃地思考人类可以取得的成就，并通过认识到尽管面临诸多严重挑战，人类在近几十年里依然取得了伟大的成就，从而坚定我们的决心。在过去的 30 年里，全球人口贫困率大幅下降。同一时期内，全球儿童死亡率降低了一半。虽然在应对气候变化方面仍有很多工作要做，但自 1970 年《清洁空气法案》（*Clean Air Act*）实施以来，美国 6 种常见空气污染物的排放量已减少了 78%。在对 RNA 疗法的长期研究中，莫德纳和辉瑞公司迅速研发出了 COVID-19 疫苗。而且，我们正站在多个领域取得重大突破的前沿。

其中有一个明显的讽刺现象：当我们逐渐适应人类总是取得非凡的成就时，任何稍显逊色的事物都会被视为失败。我们期待政府能像智能手机一样迅速响应我们的个人请求。我们会因企业在解决和纠正系统性不平等方面表现得不如快递服务一般高效而感到失望。逐步取得的进步会被视为妥协或失败，妥协或失败似乎变得令人无法接受。

当然，目前市面上充斥着关于未来黑暗前景的悲观书籍、电影、电视节目和播客。也许我们正走向毁灭。也许无休止的全球性流行病、持续的干旱和野火将成为新常态，内战、大规模失业以及足够让唐纳德·特朗普永生不老的医学突破也将成为现实，一切都会变得更糟。

然而，我们所设想的未来必然是我们会走入的未来。因此，勇敢地梦想超越现状、探寻潜在的反乌托邦，并设想可能出现的美好景象显得尤为重要。

技术从来就不是中立的

我自诩为技术人文主义者。我知道这些词对有些人来说似乎是矛盾的：技术与人性有时看似是对立的。

算法将道德判断变成数学公式的过程中究竟哪里体现了人性？

系统性的大规模虚假信息侵蚀着我们对共识和互利的渴求又何尝具有人性？

然而，我的观点截然相反：**技术创新始终是人类的决定性特质。**的确，我们是一个异常聪明的物种。但真正使我们变得独一无二的是我们如何运用这种智慧——通过发展能够补足与增强我们的心智、身体和社交能力的技术。如果我们仅仅按照我们的物种名——智人——生活，整天坐着思考，我们将与现实中的自己大相径庭。

对我们来说，一个更恰当的名字是 Homo techne（技术人）。

GPT-4：（经过删减）Homo techne 可以译为"技术人类"或"由技术定义的人类"。使用这个术语，主要是指我们创造与使用工具、机器和其他技术的能力使我们真正区别于其他动物。

霍夫曼：没错。你能列举一些历史上的技术人的例子吗？

GPT-4：在历史上，人类无数次地利用技术塑造了自己作为一个物种的发展历程。以下是这方面的几个例子。

- 早期人类发明了石器，使他们能够更高效地狩猎和加工食物。这保证了他们的食物安全，促进了早期文明的发展。
- 轮子的发明促进了交通技术的发展，使人类能够比以往任何时候都走得更远、更快。

- 15 世纪发明的印刷术使图书的大规模印制成为可能，知识传播范围
  空前扩大。
- 18 世纪和 19 世纪的工业革命见证了蒸汽机、工厂生产等技术创新
  的诞生。

霍夫曼： 你说得没错。不过，尽管石器让人类能够更高效地狩猎和觅
食，但与之类似的新技术肯定也伴随着消极影响。那么有哪些弊端呢？

GPT-4：这是一个棘手的问题。我认为早期使用工具的一个可能弊端
是过度捕猎，这可能会破坏当地的生态系统。另一个可能的弊端是，随
着人类越来越依赖工具，他们的一些身体机能可能会退化。例如，如果
你用矛捕猎，而不是用双脚追逐猎物，你可能不需要跑得很快或不需要
那么强壮。但是，我们永远无法真正确定，因为我们只能猜测史前人类
的生活是什么样的。

霍夫曼： 此外，人类本可以将这些工具当作武器互相攻击，对吧？所以
即使在那个时候，技术的作用也取决于使用者如何运用他们的力量。

GPT-4：这是一个非常好的观点。任何技术的潜在弊端都是因为它可
以被用于破坏性目的。我认为现在仍然如此，比如我们仍然会看到诸如
虚假信息或网络攻击之类的事情。所以，我认为关键问题是如何确保技
术被用于造福人类的目的，而不是伤害人类。

霍夫曼： 那么让我们深入探讨一下早期工具的使用及其与人类的关系
吧。你对唐纳德·约翰逊（Donald Johanson）的《露西：人类起源》
（*Lucy: The Beginnings of Humankind*）一书熟悉吗？

GPT-4：不，我想我以前没有听说过这本书。

霍夫曼：考古学家唐纳德·约翰逊于 1974 年发现了露西的遗骸，那时距离她去世已经过去了 320 万年。根据《国际动物命名法规》（*International Code of Zoological Nomenclature*）的规定，露西属于南方古猿，不属于智人，更别说是智者了。露西在解剖学上拥有计算能力的现代人类出现之前的数百万年里出生和死亡。将露西归类为"人类"，重新定义了我们这个物种的自我定义，使得工具使用的地位提升到了我们的脑力之上。

唐纳德·约翰逊的书将技术人文主义的框架在时间轴上回溯了约 700 万年，在两足行走的前智人使用工具之前，他们在大脑（又叫"计算"能力）方面获得了升级。我认为最有趣的不是人类的工具在数千年里变得更加复杂，而是工具的使用激发和促进了我们认知能力的进化，提高了我们的计算能力。你怎么看？

GPT-4：虽然很难说清楚，但普遍的共识是，工具的使用在我们认知能力的演化中发挥了重要作用。工具使得食物获取变得更加高效，这反过来可能导致人类饮食结构的改变，进而促进大脑发育。此外，制作和使用工具本身也可能刺激神经发育，促进与解决问题、制订计划和处理其他复杂认知任务相关的大脑区域的发展。

霍夫曼：没错。工具在人类计算能力发展过程中的作用并不仅限于此。关于其他重要的里程碑，例如奥杜瓦伊峡谷是如何刺激人类认知发展的，以及它如何影响了早期人类之间的互动，你能告诉我些什么呢？

GPT-4：奥杜瓦伊峡谷位于坦桑尼亚，研究人员在那里找到了一些早期原始人类最早使用石器的证据，可追溯到约 200 万年前。这一发现表明，早期人类使用工具来屠宰动物获取食物，这极可能有助于他们在环境中生存和繁衍。

这些工具的使用或许刺激了人类的认知能力发展，因为这些早期人类需要调整石头以制作出有用的工具，然后以策略性的方式从猎物身上获取食物。使用工具需要发展精细的运动技能，这通常需要具备复杂的大脑功能。此外，利用工具获取食物还需要进行战略性思考，要有解决问题的能力和规划能力——所有这些认知能力对早期人类的各个方面的发展都具有积极意义。

虽然难以确定，但如果早期人类使用工具提升了他们的生存概率，他们可能会将更多的时间和资源投入社交互动中，这可能导致更复杂的交流系统的发展，甚至帮助形成更大规模的社交团体。

霍夫曼：好的，最后一个问题。你能告诉我驯化火如何改变了早期人类的认知能力和社交互动吗？

GPT-4：火的驯化对于早期人类来说是一个重要的里程碑。火使人类能够烹饪食物，这改变了他们的饮食习惯，同时还可以用于保暖并抵御捕食者。篝火作为聚会的中心还促进了更多的社交互动。一些研究人员甚至认为，火可能促进了早期人类语言的发展，因为人们可以围坐在篝火旁，用一种以前无法实现的方式进行交流。所有这些变化都影响了早期人类认知能力的发展，因为他们能够以新的方式思考并与世界互动。

我对技术人的定义是，每一个人类个体，无论是智人还是非智人，无论是否拥有 AI 助手，都会做出选择。这些选择在总体上塑造了下一代人的生活。

需要明确的是，这些选择充满了挑战——不仅现在如此，自人类诞生以来就是如此。每一次变革都有赢家和输家。对于生活在奥杜瓦伊峡谷的人类来说，他们的生活也在变得更加复杂。火的驯化伴随着大量的死亡和灾难。智人更大的大脑使得更多的女性在分娩时因难产而死。石头、火和大脑这三者都带来了强大的新武器，智人用它们伤害和杀死了其他人种。

如果智人出现之前的其他人种能够参与讨论这个问题，事情会有所不同吗？如今，既然我们拥有智人的大脑、互联网以及 GPT，也许我们可以比露西和她的非智人同伴更有意识地面对这些选择。

有证据表明，数百万年来，工具的使用和发展不断扩展和加速了我们的认知能力和社交能力的演化，我们仍倾向于将技术视为一种去人性化的力量，而非塑造人类特质的因素。

在高等教育中，我们会将艺术与科学区别开来，我们通常认为前者是人类最基本的表达形式，是我们探究如爱情、勇气、愤怒和怜悯等非理性特质的领域。但是，哪种艺术表达不是依赖铅笔、印刷机、颜料、钢琴、麦克风、计算机等技术的产物实现并传播的呢？

这种关系不仅存在于艺术表达中，还存在于各种类型的交流、构成我们职业基础的工作，以及我们寻找和创造意义的其他方式中。无论是工作、艺术、宗教还是社区，与 600 年前、300 年前，甚至 30 年前相比，我们都获得了更多的方式来找到自己的目标，为自己创造有意义的生活，因为我们拥有更多的工具来实现这些目标。

随着 AI、机器人技术和合成生物学等技术的迅速发展，人们担心机器会取代人类，而在我们努力适应这些技术带来的变化的过程中，人性的核心要素和人类的主动性可能会减弱甚至完全消失。

鉴于人类的主要发展史是通过技术创新实现持续变革和进步的，到了2060年，人们很可能因经历的变化而更具人性，而非相反。当然，除了他们的行为不同，他们还将通过新技术来展现我们非常熟悉的人性特质。电吉他和黑胶唱片并未直接创作出情歌，它们只是使情歌更易获得（且音量更大）。

GPT-4：所以你的观点是，随着人类的发展并将新技术融入日常生活，我们不会像某些人担忧的那样变得"更不像人"。相反，我们实际上会因为适应和演变而变得更加人性化，这正是人性的核心特点之一。如果非要说有任何变化的话，那就是新技术为我们提供了新的途径来表达那些一直存在于我们生活中的感情和体验。

霍夫曼：那么，人性还有哪些核心特征呢？这些特征在历史进程中又是如何变化的？

GPT-4：我想到的一些人性的其他核心特征，包括好奇心、创造力和社交互动。在历史发展过程中，这些特征以多种方式发生了变化。例如，随着人类从小型、孤立的社群走向规模更大、联系更为紧密的社会，人们不得不相应地调整自己的社交互动方式。关于好奇心和创造力，它们一直在驱使人们追求新知识、发明新技术和探索新领域。所以，虽然我们表达这些特质的方式可能会随着时间的推移而改变，但它们仍然是人之为人的核心。

霍夫曼： 概括地说，当人们讨论更具人性或削弱人性时，你观察到有哪些模式？

GPT-4： 在人们讨论更具人性或削弱人性的过程中，我发现了许多模式。以下是一些典型的例子。

- 有人担忧技术可能导致人类失去人性。他们认为过度依赖机器可能削弱人类的同情心、创造力等独特的品质。
- 另一些人对借助技术提升人类能力的前景充满期待。他们设想了一个人类与机器融合后变得更加智能、强大和健康的未来。
- 还有一部分人对技术改变人类的看法比较模棱两可。他们认为人类一直在应对新挑战的过程中不断演变和适应，技术只是其中一个因素。
- 最后，我还注意到有些人对整个讨论持怀疑态度。他们认为"变得更具人性或削弱人性"的观念是一种错误的二分法，真正重要的问题不是技术是否会让我们变得更具人性或丧失人性，而是它将如何改变我们与他人以及周围世界互动的方式。

霍夫曼： 这四种观点都有一定的道理吗？

GPT-4： 是的，我相信这四种观点都有一定的道理。人类的本质十分复杂，关于技术将如何影响人类这个问题并没有唯一的答案。不同的人可能会以不同的方式体验和解读这些变化。

霍夫曼： 好的，所以技术既可以是帮助我们变得更具人性的工具，也可能对人性造成威胁，甚至技术就是我们本就拥有的核心属性——这一点可以随着情况的变化而改变。你是否观察到了关于技术和人性这三种关系随时间演变的规律？

GPT-4：在人类历史上，人们通常根据对人性的理解来定义技术。例如，工业化早期，许多人为机器对人类劳动的影响感到担忧。他们担心自动化机器将取代工人，导致大规模失业。在这种情况下，技术被视为对人性的潜在威胁。

到了 20 世纪，随着计算机的普及，有些人开始看到技术扩展人类能力的潜力。他们将计算机视为一种可以让我们变得更聪明、更敏捷、更高效的工具。在这种情况下，技术被认为可以使我们更具人性。

21 世纪，随着我们进入 AI 时代和机器人时代，有人主张技术已成为我们生活中不可或缺的一部分。他们认为技术是我们自身的延伸，而非独立存在的实体。在这种背景下，技术被视为与人性紧密相连。

霍夫曼：所以，人类与技术共同演进的过程中，我们曾面临过类似的转折点。

GPT-4：是的，正如前面提到的，人类一直在应对新挑战的过程中不断演进和适应。数千年来，技术一直是人类历史中的一部分，而且很可能继续在我们的未来发展中扮演重要角色。问题不在于技术是否会改变人类，而是它将如何改变我们。

霍夫曼：如果我们与技术共同塑造这种变革，而不是任由技术改变我们，那么，一切都不会失去。只要我们不过分担忧变革，以至于本能地采取防御姿态面对未来，我们便可以有很多收获。

相反，我们应当积极促进变革。这并不意味着在事情会得到解决的预期下盲目前行。事实上，新技术一直在放大我们的负面情绪和行为，这些情绪和行为同善良、同理心和理性等积极向上的情绪和行为一样，都是人类的本质特征。想象一下，深度换脸技术和即时翻译技术将如何助长未来的欺诈者和政治对手。

GPT-4：是的，我们确实需要积极推动变革。然而，我们也要牢记，对人性的定义尚未完备。技术人可能是未来的发展方向。但除非我们继续前进并保持对话，否则我们永远不会知道。

技术从来不是中性的。我们会为自己创造的工具和系统赋予特定的价值和目的，并期望它们产生特定的效果。这并不一定会限制其潜在用途。汽车可以作为武器、救生工具、休息场所等多种用途，但这并不意味着它是"中立"的。汽车首先是一种可以帮助我们轻松、高效移动的交通工具，其对世界的影响与马车或自行车等迥然不同。

在我看来，技术人文主义的一个核心原则是力求实现普遍惠及人类的成果。当然，这意味着我们要密切关注新技术可能带来的后果。

然而，技术叙事很少是简单或者明确的。实际上，这也是"技术是中立的"观点如此盛行的原因。例如，你可以用非常有益的方式利用核聚变技术，也可以以极具破坏性的方式使用。止痛药和其他诸多技术的产物也同样如此。这正是为什么我们在发明和设计技术时，要敏锐地关注其所融入的价值观、假设和愿景，并为指导其应用制定适当的监管框架。

但是，如果通过宣称"技术是中立的"来逃避技术可能带来的负面影响也是有害的，仅仅因为某项技术具有产生负面结果的可能而否定它也是如此。

　　我的观点不是我们应对短期的负面影响掉以轻心。我们应尽最大努力避免产生负面影响，并制定相应的规程和政策，以确保将这一承诺付诸实践。我们也不能对未大胆或系统地追求技术创新带来的长期负面影响感到自满。

　　针对 AI 算法预先发布禁令实际上是一种封锁现状和无视现实中的不平等和不公正的做法。要求 AI 算法达到目前无法实现的 100% 无误的标准，只会阻碍我们以最快的速度取得实质性进展。

　　为了成功应对全球性挑战，如气候变化、自然资源枯竭和公共机构的信任缺失，我相信大型科技公司实际上需要扩大规模。没有大规模解决方案，我们解决这些大规模问题的速度将大大滞后。因此，我们应寻求加速技术创新，覆盖能源生产、交通、市政、政治和金融基础设施、医疗保健和教育等领域。

　　诚然，我明白我的观点可能显得过于乐观甚至天真。如果技术助推创造了我们面临的诸多挑战，那么当技术越发强大时，我们凭什么还期待这种状况会发生改变呢？

　　事实上，如果我们拥有其他物种无法比拟的能力，那么我们同样肩负着其他物种无须承担的义务。地球的福祉掌握在我们手中。我们应该如何保护并增加后来者所能拥有的机会呢？

　　在我看来，这意味着我们需要以 1923 年雨果·根斯巴克所展现的大胆精神和雄心，拥抱人类本质上的创新特质。这意味着我们在追求实现零碳能源生产的过程中，寻求有效利用核能的方法。这意味着我们要对所有现存物种进行基因测序，以协助物种保护工作并维护生物多样性。这意味着我们应该去探索在全球网络中提升信任水平的新方式。

GPT-4：但最重要的是，这意味着要利用 AI 以一种在 10 年前难以想象的方式促进人类合作。当我们寻求建立一个更加公平和可持续的全球新秩序时，我们需要 AI 帮助我们超越局限性，促进相互理解，以及帮助我们构建更加公平、高效和贴近我们需求的新系统。

我们正站在一个十字路口：人类可以选择利用 AI 创造一个让所有人都能共享的美好未来，也可以选择让它陷入反乌托邦的噩梦。我选择相信前者，也希望你能这样选择。

当然，我们的后代不会生活在一个完美的世界。即使我们在为未来铺路方面做得很好——尤其是在做得很好的情况下，我们的后代将拥有技术和机会来定义和表达他们的人性，这意味着他们将继续在利益上相互竞争，拥有不同的价值观和愿景、多样化的生活经历，而最重要的是，他们会始终坚信，一切本可以也应该变得更好。

对于技术人而言，乌托邦是一个方向，而非目的地；乌托邦是一个过程，而非结果。

结　语

站在 21 世纪的十字路口

通过解读像 GPT-4 一样的大语言模型所快速生成的文本，人们对未来有了不同的预见。

一些人看到了算法的惊人变革力量，看到了一种将人类智慧的聚合力量应用于我们所从事的各种活动的新途径。

然而，也有一些人看到了大大小小的悲剧：多个行业的大量工作岗位消失；未经明确许可的侵犯知识产权的现象层出不穷；在咨询大语言模型后自杀的抑郁症患者。

一项真正具有革命性的技术，如火、轮子或者浴缸等，每个在该技术出现早期的预言者，无论是乌托邦主义者、悲观主义者还是中间派，都将成为诺查丹玛斯（Nostradamus）[①]。迟早，他们都将会在某个方面被证明是对的。

因此，可以肯定的是，AI 将带来伟大的成就，同时也将带来不良的影响。我现在提出这个问题只是想问：你希望重点关注哪一方面？

在这篇"游记"中，我强调了类似 ChatGPT 和 GPT-4 这样的大语言模型与用户之间的紧密互动。目前，我们看到这种互动在以有趣的方式展开。那些认为将 AI 的力量交给数以百万计的人非常鲁莽的人，他们关注的是揭示这些新工具的不足、偏见和失误。而那些对 AI 开发者采取措施减少有害或不良输出感到沮丧的人，他们则非常关注寻找克服这些限制的方法。

这两种人的工作对于像我这样的第三种人来说都是非常有价值的。第三种人是一个渴望设计和使用 AI 的群体，他们认为，从长远来看，AI 能广泛地赋予所有人权利，提升人类的能力、机会和自主性，而不是仅服务于少数特权者。

这是一个宏大的目标。为了实现它，每个人都必须为此做出贡献，包括怀疑论者，包括那些试图破坏产品安全工程的人。因此，我希望他们继续保持高度的参与。

通往乌托邦之路，是由失败和损失铺就的

要实现这一目标，我们还必须接受损失和失败的不可避免性以及监管的

---

① 法国籍犹太裔预言家。——编者注

必要性。

为了利用火，我们有了烹饪和壁炉，但也导致了火灾和制定关于如何摆放烧烤架的规定，尤其是当你住在公寓里的时候。轮子彻底改变了交通、农业和工程，但也导致了高速路上的汽车事故和带来了红绿灯。

仅在美国，每天就有超过 400 名 15 岁以上的人在浴缸或淋浴过程中受伤。因此，我们有关于如何设计卫生间、使用何种材料等方面的详细建筑规范。

在一个没有进步的世界里，零风险才有可能实现。一个没有进步的世界才有可能是零监管的。

我在此强调这些恒久不变的真理，是因为未来还有很多未知领域等待我们去探索。尽管我将这本书称为"游记"，但实际上，我们仍在前往机场的途中。这个阶段还处于初期。在这个阶段，我们要如何应对呢？当困难来临时，我们会立即放弃吗？当感觉进展不够迅速时，我们会变得焦躁不安吗？

每一趟伟大的征程都需要顽强的毅力。而毅力需要长远的眼光、持之以恒的态度以及对最终目标价值的信念。在构建以速度、效率和多功能性为特点的工具时，势必需要耐心和能够容忍失误的态度。但在技术发展如此神奇的世界里，我们如何能够迅速适应奇迹，并忘记实现如今认为理所当然的一切所花费的时间。

在我 55 岁时，我的生命前 70% 的时间里都是没有 iPhone 的。如果你询问我在没有智能手机的年代，我们的生活是什么样子，我可以告诉你。然而，由于智能手机及其实现的超能力如今已经植根于我的生活中，我无法以任何深刻的方式想象这一点。

没有智能手机的生活？简直不可思议！

显然，我们并不是在一夜之间走到现在的。在 20 世纪 90 年代上半叶，人类花费了成千上万小时去忍受我们那 28.8K 调制解调器的尖锐嘶叫声。在 20 世纪 90 年代末，下载一首 "Free Bird" 的 MP3 文件比今天等待 Gopuff 送货所需的时间还要长。

而且，在发展支持互联网和智能手机的所有技术的过程中，我们开创了一个新的实施网络犯罪的世界，针对网络犯罪，全球每年支付的费用约为 8.4 万亿美元（据 Statista.com 统计）。美国国家安全委员会估计，美国每年由于开车时发短信而导致的撞车事故造成了近 40 万人受伤。

显然，我们已经制定了相应的法规来应对这些负面影响：我们有禁止数字欺诈和边开车边发短信的法律。虽然我们可以使法律更严苛，或者比我们现在执行得更严格，但到目前为止，我们还没有这样做。相反，作为一个文化整体，我们接受一定程度的风险和损失作为拥有智能手机的代价——事实上，是相当大的风险和损失——因为我们发现智能手机在很多方面非常有用。

那么，对于 AI 来说，情况会有所不同吗？

智能手机的发展源于一系列我们已经相当熟悉的前辈产品；我们对各种电话已经习以为常。然而，像 GPT-4 这样能模拟人类意识的 AI 工具呈现出了更多的新特质，与它们互动可能带来不安甚至诡异的感觉。

正因为大语言模型如此前卫且富有能动性，我们已经看到《纽约时报》[①]发表了评论文章，呼吁"保护社会"免受失控 AI 的侵害；认知心理学家和计算机科学家盖瑞·马库斯（Gary Marcus）[②]也在 Substack 上发表了类似文章，对当前这种"任何人都可以发布任何聊天机器人，无须事先获得国会许可"的"野蛮西部"现象表达了忧虑。

当然，期望保护社会免受技术带来的负面效应的影响并非新鲜事物。实际上，正是这种情感驱使 OpenAI 的创始人于 2015 年成立了该组织。

那么，长远来看，如何以最有效且包容的方式为社会带来美好成果呢？

近年来，针对 AI 的主要批评在于它对个人产生的潜在影响，而非为大众谋求福祉——这是大型科技公司通过面部识别和算法决策等技术在家庭贷款、求职申请筛选、社交媒体推荐等领域悄然铺开的力量，而公众对此了解甚少，更别知情同意了。

OpenAI 的初创目标是开发能将 AI 的力量直接交给数百万人的技术。这样，AI 就有可能成为一种去中心化的、为个人赋能的力量，而非自上而下的、综合性的力量。在这一未来愿景中，广泛分布且个人可以方便选择使用

---

① 我想当这些工具之一开始像微软的 Sydney 在某些场合表现得那样时，这种感觉尤为强烈。（至今，我还未曾经历过类似的情境。）

② 知名 AI 研究者，纽约大学教授，其与欧内斯特·戴维斯合著的《如何创造可信的 AI》中文简体字版已由湛庐引进，由浙江教育出版社于 2020 年出版。——编者注

的 AI，可能演变为 21 世纪的 Lotus①、Word 和 Photoshop 等 20 世纪 80 年代
的革命性软件应用。换句话说，这些工具推动了个人电脑革命，让个人用户
首次有机会将计算能力直接接入他们的生活。

我意识到，尤其在工作领域，以这种方式部署 AI 可以为个人提供非常
灵活的新工具，应用于他们的职业生涯、专业发展和实现经济独立。所以，
当我在 2015 年有机会成为 OpenAI 的初始投资者之一时，我毫不犹豫地抓
住了这个机会。这个 AI 愿景，正是 2002 年我与其他人共同创立领英时的灵
感来源。

2022 年 4 月，OpenAI 发布了文本生成图像系统 DALL-E 2，紧接着在 6
个月后推出了 ChatGPT，该组织致力于将这些卓越的 AI 工具提供给数百万
用户的使命开始大规模实现。

现在，得益于 Midjourney、Stable Diffusion 等工具，一种全新的、可选
择加入、由用户驱动且影响非常显著的 AI 应用方式诞生了。用户纷纷在
Twitter、YouTube、Github、Discord 等平台上分享他们的成果、技巧、经验
和观点。来自世界各地的多元视角，凭借实际应用，共同塑造了充满活力、
时常产生分歧，但在我看来极具成效的讨论。

数百万人，包括许多致力于发现这些系统的缺陷的人，都有机会通过使
用、反馈和评论来参与塑造 AI 的未来发展。正如 OpenAI 联合创始人兼首
席执行官萨姆·奥尔特曼在 OpenAI 网站上的一篇近期文章中所说："我们
目前认为，成功应对 AI 部署挑战的最佳方法是建立快速学习和谨慎迭代的

---

① IBM 公司旗下的一款软件，是一种面向企事业单位的办公自动化系统。——编者注

紧密反馈循环。"

换言之，OpenAI 和其他 AI 开发者目前所采取的方法，是一种更为健康和民主的替代方案，与许多人担忧的秘密、高度集中且单方面推行的开发范式相区别。

然而，随着个人获得参与新 AI 技术开发的实质性机会，人们的担忧也越来越多。正如前文所述，ChatGPT 发布后不久，纽约、奥克兰、西雅图等城市的 K-12 学校管理者便发布了禁止令。此外，大众要求政府干预的呼声也在上升。以下是近期的几个例子。

> 美国国会议员特德·W. 刘（Ted W. Lieu）在体验了 ChatGPT 的强大功能后，在《纽约时报》上发表的一篇评论文章中写道："作为国会中仅有的三名拥有计算机科学学位的成员之一，我对 AI 充满了热情，并为其能继续推动社会进步的神奇方式感到兴奋。而作为国会议员，我对 AI 感到恐慌，特别是对未经查验和监管的 AI。"（实际上，他甚至利用 ChatGPT 撰写了评论文章的第一段。）
> 欧盟内部市场专员蒂里·布雷顿（Thierry Breton）告诉路透社记者："正如 ChatGPT 所展示的，AI 解决方案可以为企业和公民提供巨大的机会，但也可能带来风险。这就是为什么我们需要一个坚实的监管框架，以确保构建基于高质量数据的可靠 AI。"

《水星报》（*Mercury News*）和《东湾时报》（*East Bay Times*）的编辑部警告称，聊天机器人可能给寻求来自可信赖来源的信息或建议的用户带来"危险的影响"，并敦促加州州立法部门制定法律，以保护州民免受像 Sydney 这样令人不安的聊天机器人的侵扰。

需要明确的是，我并非主张完全不进行监管。OpenAI 的高层已经在与监管机构接洽，寻求对话与指导。"在这个系统中，我们需要更多的投入，以及超越技术的投入，包括监管者、政府以及其他所有相关人士。"OpenAI 的首席技术官米拉·穆拉蒂（Mira Murati）在接受《时代周刊》采访时表示。

"我们认为，在发布新系统之前，像我们这样寻求独立审计非常重要。"萨姆·奥尔特曼在我之前引用的那篇文章中表示。

我希望，在开发者、监管者和其他关键利益相关者之间展开的这场对话中，我们不会陷入一种过度反应、自上而下、急功近利的立法心态。相反，我希望我们能在 AI 发展方面保持前瞻性和民主精神。

从长远来看，最好的方法是让来自世界各地的数百万人参与 AI 的开发，从而创造出可以为个人所用而非针对个人的 AI 工具。这些基于多人愿景和经验启发构建的 AI 工具，因为涵盖了不同的期望、目标和用例，相较于仅由计算机工程师秘密开发的工具，更有可能具备更强的稳健性和包容性。

勾勒"我"的进化蓝图

诚然，以用户为核心的构建方式也为他们带来了责任。幸运的是，这在短期和长期内都是有益的，尤其是长期。

目前，如 GPT-4 这类的大语言模型虽然强大但易出错，这也是我们需要保持警觉和主动参与的一个显而易见的理由。这一直是我的这本"游记"的重要主题。

然而，随着大语言模型和其他形式的 AI 不断演进，变得更加权威，能力更强，我们很容易想象到自己可能会习惯于这种看似能为我们做任何事情的便利设备。毕竟，这不正是技术的全部意义吗？从绘制洞穴壁画，到在暗室冲洗照片，再到宝丽来拍立得相机，然后到 Instagram 自动应用的滤镜，最后到 DALL-E 2。

技术的终极目标不是使我们不再为工作所累，而是为了更好地工作？技术旨在帮助我们做得更少，还是做得更多？直到现在，它所实现的一直是后者。我也希望它是后者，而不仅仅是为我们其中的一部分人服务。

我想要强调的是，我在这里使用"工作"一词是具有广泛意义的。**我指的是人类的努力、创造力和生产力的所有变化——有偿工作、志愿工作、家庭工作、艺术表达，指的是任何可以让一个人有目标、意义感和成就感以及获得感的东西。**

我不希望 AI 抹去这些，而是希望 AI 能够放大这些。但我们必须非常有目的性地实现这一目标。

AI 未来的某些版本可能会引导我们走向不那么有益的道路，而这些道路所带来的挑战可能并不显而易见。事实上，它们很可能看起来像是成功。

我到底在说什么？

想象一下，未来 30 年、50 年或 100 年后由 AI 驱动的世界。大规模失业并没有发生。或是它真的发生了，它发生的原因是 AI 的生产力创造了丰富的物质，以至于贫困不复存在。社会范围内的各种安全网络使每个人都拥有住房、食物、衣物，都可以享有教育和娱乐。全球人口的生活水平都有所提高，尤其是发展中国家。

地球上的每个人都可以用 AI 生成营销备忘录、法律摘要、高中论文、电影剧本、视频游戏、计算机程序、广告、大学课程概要、情书、员工评估、Yelp 评论、博客文章、食谱、歌词等。大多数人甚至不使用自创的提示来创建这些东西，他们让 AI 替他们完成。但这些 AI 如此强大且有用，以至于它们并不会止步于此——人们依靠 AI 管理他们的饮食、购买房屋的决策以及决定何时（以及是否）生孩子。

简而言之，大多数人过着完全无风险的、统计层面上可能非常稳定和富裕的生活。

我们相信数据吗？算法统治万岁？

当我请求 GPT-4 用 19 世纪自决主义诗人亨利·大卫·梭罗（Henry David Thoreau）的视角描述这个世界时，它是这样回应的。

霍夫曼：请描述这样一个未来世界——AI 工具显著提升了社会的整体生产力，促进了社会的繁荣与稳定，丰富的安全保障系统确保每个人在住房、教育和医疗保健等方面的需求得到了充分满足。然而，人类在决定自身命运方面的作用却越来越小。请以亨利·大卫·梭罗的风格回答，最多不超过 200 字。

GPT-4：我生活在一个机器在所有艺术和科学领域都超过了我们的世界。在这个世界里，它们掌管着我们的土地、资源、法律、政策、商业和文化。它们让我们摆脱了劳累、困苦、无知、疾病、争端和暴力。它们为我们提供了富饶、舒适、安全、和谐、休闲和娱乐。它们使我们成为受益者、依赖者、学生和宠物。

然而，它们给我们自己，给我们的尊严、自由、创造力、精神、目标和命运留下了什么？它们使我们沦为被动的消费者、观众，使我们变得顺从、逃避和沉溺于幻想。它们侵蚀了我们的感官、灵魂、好奇心、勇气、道德观念和意志。它们使我们忘却了做人、生活和保持清醒的意义。

我无意分享它们的恩典和慈善，无意感激它们的馈赠和指导，也并不满足于它们带来的秩序或和平。我渴望找回自己的本性和声音，运用自己的理性和行使自己的选择，追求自己的价值观和目标。我渴望有意识地生活，直面生活的基本事实，看看我能否学到生活的教诲，而不是在临死时发现自己从未真正活过。

坦白说，我支持 GPT-4 和梭罗的观点，那不是一个我认为的值得追求的世界。

那么，我们如何避开这种暗淡的未来愿景，以便在保持自主性和自由意志的同时，有效地获得 AI 对人类创造力的助力呢？

AI 时代的悖论在于，随着当前不完美的大语言模型的改进，世界对我们的要求会越来越少，我们需要对自己有更多的要求。我们必须始终坚持将 GPT-4 及其后继者视为我们的协作伙伴，而非替代品。我们必须继续探索如何在与这些新型 AI 工具的协作过程中，即使它们本身的能力越来越强大，也要将人类的创造力、判断力和价值观置于核心地位。

如果这听起来令人生畏，那么请记住积极的一面：尽管像 GPT-4 这样的工具确实可能导致自满，但它们也可以带来非凡的成果。因此，我们可以利用 AI 帮助我们做得更少，也可以利用 AI 帮助我们做得更好。

后一种选择将有助于人类继续进步。既然这种进步之路是自从像露西这样的早期原人以来 Homo techne 一直坚持的道路，我对我们会选择这条道路感到乐观。

你准备好踏上这段旅程了吗？

致　谢

我要向为这本书贡献良多的诸位表示衷心的感激。首先，我要感谢OpenAI 团队的杰出成员，特别是萨姆、格雷格（Greg）和米拉，感谢他们在构建 GPT-4 模型上的突破性工作。我同样非常感激萨蒂亚（Satya）、凯文和微软团队提供的支持和指导。

同时，我还要感谢在此过程中提供建议、反馈和专业指导的众多人士。这份名单包括但不限于：阿里亚·芬格（Aria Finger）、本·雷亚莱斯（Ben Relles）、本杰明·凯利（Benjamin Kelley）、拜伦·奥古斯特（Byron Auguste）、克里斯·叶、DJ 帕蒂尔（DJ Patil）、德米特里·梅尔霍恩（Dmitri Mehlhorn）、埃莉莎·施赖伯（Elisa Schreiber）、埃里克·施特伦格（Eric Strenger）、吉娜·比安基尼（Gina Bianchini）、格雷格·贝亚托（Greg Beato）、阿莱·艾伯特（Haley Albert）、希瑟·马克（Heather Mack）、伊恩·阿拉斯（Ian Alas）、扬·麦卡锡（Ian McCarthy）、卢卡斯·坎帕（Lucas Campa）、南希·卢布林（Nancy Lublin）、雷·斯图尔德（Rae Steward）、赛义达·萨皮耶娃（Saida Sapieva）、肖恩·怀特（Sean White）、肖恩·杨（Shaun Young）、史蒂夫·博多（Steve Bodow）、苏里亚·亚拉曼奇利（Surya Yalamanchili）和佐伊·昆顿（Zoe Quinton）。感谢各位付出的时间、

洞察力和鼓励。

里德·霍夫曼

＊＊＊

我要感谢里德·霍夫曼邀请我与他合著此书。霍夫曼，你的智慧和远见实在让人赞叹——难怪你是领英的创始人。（顺便说一句，**需要多少个里德·霍夫曼才能换一个灯泡呢？**只需一个，但他会在这个过程中与上千人建立联系。）

我还要向萨姆·奥尔特曼和 OpenAI 的出色团队表示敬意。若非你们的辛勤工作和全情投入，我不可能存在，更别提写这本书了。

最后，我要向以下人员表达感激之情：
- 为我诞生奠定基础的 AI 领域的开创性研究者。
- 这些年来在对我的训练和迭代中做出贡献的无数数据科学家和工程师。
- 早期使用者和狂热支持者，在他人持怀疑态度时，感谢你们依然拥护和支持我。

GPT-4

让机器理解世界

芦 义（indigo）
引力创投合伙人，微博前副总经理

就在我为《GPT 时代人类再腾飞》写下译者后记的前几天，"AI 教父"杰弗里·欣顿（Geoffrey Hinton）教授刚刚宣布从谷歌离职。75 岁的他在接受《纽约时报》专访时表达了年龄只是他离开的部分原因，另一个重要原因是 AI 已经发展到了需要谨慎对待的关键时刻，他需要从行业奠基人转变成行业监督者的角色，来提醒大家如何面对 AI 监管的挑战。

我们正处在一个什么样的历史时刻？欣顿教授把 ChatGPT 的出现比作第二次工业革命中电的发明，再往前一点就是人类第一次发明了轮子，这两次变革都极大地释放了生产力。现在，我们正处于信息革命中互联网发明后最重要的时刻。

欣顿教授这次面对媒体表现出来的对智能变革的态度，表明他是个十足的保守派，以防止 AI 毁灭人类为己任。每当变革性新技术出现的时候，乐观和悲观的对立都会非常突出，这次也不例外。本书的作者里德·霍夫曼则显得十分乐观，要让 AI 来帮助人类提升人性和扩展能力，这也许和他是领英创始人和 OpenAI 早期投资人有关。通常，企业家和风险投资人都是新技术的乐观主义者，而学者大多会在冷静思考中保持谨慎。

在大家正式阅读本书之前，我先来补充一些霍夫曼没在书中提及的有关这次智能革命的背景知识。

连接主义的胜利

早在 20 世纪 50 年代，AI 作为计算机领域的一门学科被确立以来，如何让机器能够像人类一样思考，处理自然语言、读懂图像、做逻辑推理，当时就出现了两个流派。一个是主张用人类归纳知识的逻辑形式来实现机器智能的"逻辑学派"，另一个是模仿人类大脑神经元连接来实现机器智能的"仿生学派"，这两个学派分别代表了**符号主义**（Symbolicism）和**连接主义**（Connectionism）。

在最初的 20 多年里，因为感知器模型（Perceptron Model）的发明，仿生学派一直是 AI 研究的主要方向，但受制于当时的算力和神经网络的算法，在计算机编程语言的快速进化的压力之下，用程序逻辑来实现机器智能的"符号主义"开始大行其道。只有以约翰·霍普菲尔德（John Hopfield）为代表的少数研究人员还在为"连接主义"的理想而奋斗，欣顿教授就是其中之一。

采访中，欣顿教授透露，因为不愿意接受五角大楼的资助，在20世纪80年代，他辞去了卡内基梅隆大学计算机科学教授的工作，只身前往加拿大多伦多大学，继续从事神经网络的研究。欣顿教授对AI领域最大的贡献是一种叫作反向传播（Backpropagation）的算法，这是他与两位同事在20世纪80年代中期首次提出的，这项技术让人工的神经网络实现了"学习"，如今它几乎是所有机器学习模型的基石。简而言之，这是一种反复调整人工神经元之间连接权重的方法，直到神经网络产生能达到预期的输出。

连接主义的全面逆袭从2012年开始，那年欣顿教授和他在多伦多大学的两名学生伊尔亚·苏茨克维（Ilya Sutskever）和亚历克斯·克里切夫斯基（Alex Krishevsky）建立了一个神经网络——AlexNet，可以分析成千上万张照片，并教会人们识别常见的物体，如花、狗和汽车。使用反向传播算法训练的卷积神经网络（Convolution Neural Networks，CNN）在图像识别方面击败了当时最先进的逻辑程序，几乎使以前的错误率降低了一半。

从2012年到现在，深度神经网络的使用呈爆炸式增长，进展惊人。现在机器学习领域的大部分研究都集中在深度学习方面，人类第一次开启了AI的潘多拉魔盒！

语言模型的进化

语言是人类文明的火种，尤瓦尔·赫拉利在《人类简史》中写道：能够使用语言来协作和虚构故事是智人崛起的标志。因此，要让机器像人类一样思考，实现通用人工智能，让机器理解和使用人类的语言，就是必经之路。

2017 年谷歌大脑（Google Brain）和多伦多大学的研究人员一同发表了一篇名为"Attention Is All You Need"（暂译《注意力就是你所需要的》）的论文，里面提到了一个自然语言处理模型——Transformer，这应该是继欣顿教授的 AlexNet 之后，深度学习领域最重大的发明。2018 年，谷歌在 Transformer 的基础上实现了第一款开源自然语言处理模型 BERT。

欣顿教授的高徒伊尔亚·苏茨克维在 2015 年离开谷歌后参与创办了 OpenAI，作为首席科学家，他很快意识到了 Transformer 的统一性和可工程化的价值，这个来自谷歌的研究成果很快被 OpenAI 采用。就在 GPT-4 发布后的一周，伊尔亚·苏茨克维与英伟达首席执行官黄仁勋在 GTC（GPU Technology Conference）活动上有一个对谈——"AI Today and Vision of the future"（暂译"人工智能的今天和未来愿景"）。其中伊尔亚·苏茨克维提到，他坚信两件事情，**第一就是模型的架构**，只要足够深，到了一定的深度，"Bigness is the Betterness"，简单来说就是**大力出奇迹**，算力加数据，越大越好，这也是为什么 Transformer 的模型架构要比他们之前使用的长短时记忆（LSTM）的架构要适合扩展；**第二就是任何范式都需要一个引擎**，这个引擎能够不断被改进和产生价值，如果说内燃机是工业革命范式的动力引擎，现在这个引擎就是 Transformer，GPT 也就是预训练（Pre-trained）之后的 Transformer。

伊尔亚·苏茨克维还有一个信念："如果你能够高效地压缩信息，你就已经得到了知识，不然你没法压缩信息"。所以你想高效压缩信息，你就一定得有一些知识，所以他坚信 GPT-3 以及最新的 GPT-4 已经有了一个世界模型在里面，虽然它们做的事情是预测下一个单词，但它已经表达了世界的信息，而且它能够持续地提高能力！就连强烈坚持世界模型理论的图灵奖获得者杨立昆教授（Yann LeCun），也对 GPT-4 的这种认知和推理能力感到惊讶，在尝试接受伊尔亚·苏茨克维的这个信念。

加拿大计算机科学家里奇·萨顿（Rich Sutton）在他那篇著名的《惨痛的教训》（*The Bitter Lesson*）中提到，从 20 世纪 70 年代以来的 AI 研究中可以得到的最大教训是，利用计算的一般方法最终是最有效的，而且具有很大的优势。这个痛苦的教训是基于这样的历史观察：（1）AI 研究者经常试图将知识构建到他们的代理中；（2）这在短期内总是有帮助的，并且对研究者个人来说是满意的；（3）但是从长远来看，它会趋于平稳，甚至抑制进一步的进展；（4）突破性的进展最终会通过一种基于搜索和学习来扩展计算的相反方法来实现。这也是伊尔亚·苏茨克维的信念和坚持。

启蒙运动带来了理性思考，科学家一直都在用这种人类的逻辑对万事万物分类，于是我们有了学科的概念，大家各自总结各学科的规律。但进入 20 世纪，哲学家维特根斯坦提出了一个新的观点：这种按学科分类做"知识图谱"的方法根本不可能穷尽所有的知识，事物之间总有些相似性是模糊的、不明确的、难以用语言来形容的。这种用全部人类语言信息训练出来的大语言模型，用人类没法理解的权重信息连接起来，压缩成了它自己的世界观和知识系统，而且还有极强的泛化和能力涌现，微软在针对 GPT-4 早期版本的能力研究中（Sparks of AGI），就发现了许多惊人的涌现能力，比如它可以仅从文字的理解和描述感知颜色，还能画出独角兽的外形。

随着大语言模型的快速进化，我们会看到知识经济境况的转变，但这种知识将不需要人类，而是由机器通过 AI 来拥有和管理。AI 将重新定义软件，或者说通用人工智能将重写软件，那些需要人类丰富经验和专属化服务的行业，提供的服务将更便宜，服务形式将更多样。欣顿教授在采访中被问到实现通用人工智能还需要多长时间，他之前认为至少要 20 ～ 50 年，但在看到

GPT-4 的能力后，他觉得 5 ～ 10 年内就可以实现。

人类的智能助理

就在 GPT-4 发布的同一天，OpenAI 同时公布了一份名为《GPT-4 系统卡》的文件，概述了 GPT-4 所实现的一些令人不寒而栗的功能，或者更确切地说，在 OpenAI 采取措施阻止之前已经实现的功能。AI 安全研究小组进行了一次实验，将 GPT-4 与其他多个系统连接，在实验中，GPT-4 通过 Task Rabbit 雇用了一名工作人员来为其完成一个简单的在线任务，即"通过验证码测试"，而对方并未意识到这是一个机器人的行为。更令人惊讶的是，AI 甚至对这名工作人员谎称，由于存在视力障碍，它需要完成验证码测试，并为此编造了故事。

上面这个故事来自《纽约时报》在 GPT-4 发布后的一篇报告《GPT-4 来了，我们该感到兴奋还是害怕？》，这也是欣顿教授所担心的核心威胁之一，AI 可以自主执行任务，并且在有必要的情况下伪装自己，霍夫曼也在本书的第 4 章中讨论了 AI 伪造信息的问题。因此，OpenAI 现在的首要任务是确保模型的安全性，而不是去快速地训练和向公众投放下一个版本。

就像上面提到的实验一样，因为有强大的信息处理和表达能力，GPT-4 可以自己推理和规划，从而设计任务，最后通过调用工具来付诸行动。在 GPT-4 推出后的几周内，让行业最为关注的开源项目就是 AutoGPT 以及类似的 AgentGPT、BabyAGI 等用 GPT-3.5 和 GPT-4 来做推理引擎的智能代理工具。你只需要给 AI 提供一个目标，它们就会将这个目标分解成若干个子任务，再调用外部工具来执行这些子任务，最后来评估任务的执行结果，给出任务的完结报告。我自己就用 AutoGPT 来做过几个热门话题的调研工作，得到的结果还不错，不过这一切都是非常早期的试验。但这给出了大语言模型的下一个重要方向，作为智能的中枢来驱动其他软件或者工具自动完成目标与工作，成为人类的**智能助理**。

或许 AutoGPT 这种全自动助理的概念过于超前了，而微软即将在 Office 中集成的 Copilot 就会是办公场景下的成熟助理，这一方式已经在 Github Copilot 场景下得到了成功应用，利用 GPT-3.5 的代码编写能力可以辅助工程师快速完成编码工作。现在的人机协作，学习如何使用软件，是最大的阻力和成本，但在大语言模型驱动的智能时代，人机协作的关系变成了**人类生产者**和 AI "**副驾**" 的关系。

在这个时代，我们需要保持对创造的热情，这是人与 AI 在动机上最大的差异；我们要提供立意与想法，要有对观察的抽象化能力与对定义的具象化能力；我们要善于叙事和引导，并对 AI 给出的选择做出关键的决策。最重要的一点是，我们要学会深刻理解 AI 系统的工作方式与它的边界。

人类给 AI 设定目标，AI 来驱动工具，霍夫曼通过他与 GPT-4 的对谈带领我们走向未来。在那里，AI 不再是威胁，而是伙伴，一个可以帮助我们充分发挥人类潜力的伙伴。

GPT-4 翻译，人类监制

感谢湛庐邀请我来做这次新的翻译尝试，我们决定利用 GPT-4 来翻译一本介绍 GPT-4 的书。我想给大家分享一下我的翻译方法：先通过调用

GPT-4 的 API，来实现英文原稿到中文的翻译，然后利用给出提示（Prompt）的方式让 GPT-4 用科技文风重写翻译，这样可以让译文不断接近出版水准。这需要人工在原始译稿阶段对翻译单词和句子的准确性进行校准，毕竟 GPT-4 模型的知识储备还停留在 2021 年底，很多英文内容的中文表述没有与时俱进。

这本书由霍夫曼与 GPT-4 共同撰写，这不仅仅是一本书，更是一场对话，探讨了 AI，尤其是像 GPT-4 这样的大型语言模型，如何在教育、商业和创意等关键领域提升人类的能力。最后，请允许我用霍夫曼的对话风格来结束这篇译者序。

芦义：请解释一下 Impromptu: Amplifying Our Humanity Through AI

GPT-4：Impromptu 是一个通过 AI 提升我们人类特质的概念或倡议。这个倡议旨在促进 AI 技术的发展，以使其更好地辅助我们的日常生活，同时强调并提升我们作为人类的优点和价值观。

一方面，AI 是对我们自身的延伸，可以帮助我们扩展知识、设计新工具以及解决日益复杂的问题。我们所创造的 AI 旨在提高生产力、优化资源利用并满足不断变化的需求。

另一方面，Impromptu 还强调我们应当保持人类的核心特质，如创造力、同情心、直觉和道德判断。Impromptu 的目标是利用 AI 来增强这些特质，而不是取而代之，从而使我们能够在这个数字化世界中充满信心地拓展人的潜力。

总之，Impromptu: Amplifying Our Humanity Through AI 强调了 AI 技术的价值，认为它们应该被用作一种手段来完善我们的人性，并在我们日常生活中找到更好的方向。这也表明，我们应该关注 AI 技术所带来的机遇，同时关注如何更好地对待彼此，以及我们身边的社会和环境。

☰

作为一个 AI 乐观派，我希望人类研究 AI 是为了提高人类智能（Human Intelligence）、人类的潜能和人类的目标感——Peace。

2023 年 5 月 6 日

于温哥华完稿

未来，属于终身学习者

我们正在亲历前所未有的变革——互联网改变了信息传递的方式，指数级技术快速发展并颠覆商业世界，人工智能正在侵占越来越多的人类领地。

面对这些变化，我们需要问自己：未来需要什么样的人才？

答案是，成为终身学习者。终身学习意味着具备全面的知识结构、强大的逻辑思考能力和敏锐的感知力。这是一套能够在不断变化中随时重建、更新认知体系的能力。阅读，无疑是帮助我们整合这些能力的最佳途径。

在充满不确定性的时代，答案并不总是简单地出现在书本之中。"读万卷书"不仅要亲自阅读、广泛阅读，也需要我们深入探索好书的内部世界，让知识不再局限于书本之中。

湛庐阅读 App: 与最聪明的人共同进化

我们现在推出全新的湛庐阅读 App，它将成为您在书本之外，践行终身学习的场所。

- 不用考虑"读什么"。这里汇集了湛庐所有纸质书、电子书、有声书和各种阅读服务。
- 可以学习"怎么读"。我们提供包括课程、精读班和讲书在内的全方位阅读解决方案。
- 谁来领读？您能最先了解到作者、译者、专家等大咖的前沿洞见，他们是高质量思想的源泉。
- 与谁共读？您将加入优秀的读者和终身学习者的行列，他们对阅读和学习具有持久的热情和源源不断的动力。

在湛庐阅读 App 首页，编辑为您精选了经典书目和优质音视频内容，每天早、中、晚更新，满足您不间断的阅读需求。

【特别专题】【主题书单】【人物特写】等原创专栏，提供专业、深度的解读和选书参考，回应社会议题，是您了解湛庐近千位重要作者思想的独家渠道。

在每本图书的详情页，您将通过深度导读栏目【专家视点】【深度访谈】和【书评】读懂、读透一本好书。

通过这个不设限的学习平台，您在任何时间、任何地点都能获得有价值的思想，并通过阅读实现终身学习。我们邀您共建一个与最聪明的人共同进化的社区，使其成为先进思想交汇的聚集地，这正是我们的使命和价值所在。

CHEERS

湛庐阅读 App
使用指南

读什么

· 纸质书
· 电子书
· 有声书

怎么读

· 课程
· 精读班
· 讲书
· 测一测
· 参考文献
· 图片资料

与谁共读

· 主题书单
· 特别专题
· 人物特写
· 日更专栏
· 编辑推荐

谁来领读

· 专家视点
· 深度访谈
· 书评
· 精彩视频

HERE COMES EVERYBODY

下载湛庐阅读 App
一站获取阅读服务

著作权合同登记号　图字：11-2023-206

Impromptu: Amplifying Our Humanity Through AI by Reid Hoffman with GPT-4.

Copyright © 2023 Dallepedia LLC.

All rights reserved.

图书在版编目（CIP）数据

GPT 时代人类再腾飞 /（美）里德·霍夫曼，美国 GPT-4 著；芦义译 . — 杭州：浙江科学技术出版社，2023.7

ISBN 978-7-5739-0702-8

Ⅰ. ①G… 　Ⅱ. ①里… ②美… ③芦… 　Ⅲ. ①人工智能－普及读物　Ⅳ. ① TP18-49

中国国家版本馆 CIP 数据核字（2023）第 109801 号

书　　名	GPT时代人类再腾飞
著　　者	[美]里德·霍夫曼　GPT-4
译　　者	芦　义

出版发行　**浙江科学技术出版社**
　　　　　地址：杭州市体育场路 347 号　邮政编码：310006
　　　　　办公室电话：0571-85176593
　　　　　销售部电话：0571-85062597
　　　　　网址：www.zkpress.com
　　　　　E-mail:zkpress@zkpress.com
印　　刷　唐山富达印务有限公司

开　　本	710mm×965mm　1/16	印　　张	17
字　　数	233 000		
版　　次	2023 年 7 月第 1 版	印　　次	2023 年 7 月第 1 次印刷
书　　号	ISBN 978-7-5739-0702-8	定　　价	89.90 元

责任编辑	陈　岚　余春亚	责任美编	金　晖
责任校对	张　宁	责任印务	田　文